做气质里有花香的女人

辰瑞 著

煤炭工业出版社
·北京·

图书在版编目（CIP）数据

做气质里有花香的女人／辰瑞著. --北京：煤炭工业出版社，2015（2023.3重印）

ISBN 978-7-5020-4824-2

Ⅰ.①做… Ⅱ.①辰… Ⅲ.①女性—修养—通俗读物 Ⅳ.①B825-49

中国版本图书馆 CIP 数据核字（2015）第 056619 号

做气质里有花香的女人

著　　者　辰　瑞
责任编辑　刘新建
特约编辑　郑　光　袁旭姣
责任校对　杨　洋
封面设计　嫁衣工舍

出版发行　煤炭工业出版社（北京市朝阳区芍药居 35 号　100029）
电　　话　010-84657898（总编室）
　　　　　010-64018321（发行部）　010-84657880（读者服务部）
电子信箱　cciph612@126.com
网　　址　www.cciph.com.cn
印　　刷　三河市金泰源印务有限公司
经　　销　全国新华书店

开　　本　710mm×1000mm 1/16　印张　16　字数　140 千字
版　　次　2015 年 4 月第 1 版　2023 年 3 月第 2 次印刷
社内编号　7679　　定价　39.80 元

前言

女人，如花般优雅

许多女人追求美丽，却甚少有人追求优雅。一个美丽的女人，或许有着沉鱼落雁、闭月羞花、倾国倾城的容颜，初见必然赏心悦目，令人心向往之，但如果她品位庸俗、言谈无趣，相处久了也就魅力大减，况且青春易逝，美丽的容颜并不能带给女人持久的自信和安全感。然而一个优雅的女人，却必定是魅力无穷的，她有着一种由内而外散发出来的高贵气质，令人倾倒，令人说不出道不明，只想静静地享受和她相处时那种清幽、自然的感觉。

可是，如何才能做一个优雅的女人呢？其实，淡定的女人最优雅。

只有淡定的女人，才能静静地看待世间的冷暖得失，才能静静地品味生活的美好，才能静静地享受人生。只有淡定的女人，才是最优雅的。那种优雅，如同翠绿的竹子，亭亭玉立，高贵典雅；如同一幅画，即便是轻描淡写，也带有说不出的韵味和美感；如同一首诗，读来隽永而深刻，美丽而祥和；如同一杯茶，清新淡雅，越是品味，就越是别有一番滋味。

淡定的女人是优雅的女人。她们既有着茶花的圣洁高贵，又有着荷花的傲然姿态、不蔓不枝；既有着紫薇花的娴静和羞涩，又有着君子兰的独立和自由；既有着银莲花的雅致和纯洁，又有着薰衣草的低调和浪漫；既有着向日葵的阳光和活力，又有着玫瑰的美丽和典雅；既有着百合的清纯和高雅，又有着梅花的坚强和执着；最后还带来了风信子的清新和友谊。

如果你也想做一个优雅的女人，一个有气质的女人，也想拥有一个美好而幸福的人生，那就走进这本书，在花丛中寻找答案吧！

目录

可是，当闺蜜工作一整天后回到家中便觉得很累了，不愿意再看书，好几天都是如此，那本书一直静静地躺在床头柜上，她却始终没能继续翻几页。渐渐地，闺蜜便把这本书忘记了。等她再想起来的时候，已经是三个月之后了。她想起了那本书，于是便又从床头拿起来，结果发现书里竟然一个字都没有。她被这样的景象吓到了！这本书里的字竟然完全不见了！她急忙找到了女人，女人只是放下手上的书，微笑着吹了一下自己手中的咖啡，便将这书的“秘密中的故事”娓娓道来。

原来，这种书是有秘密的。它采用一种特殊的油墨印制而成，在拆封之后，这些特殊的油墨就会和空气中的氧气发生作用，只三个月的时间，所有的油墨都会消失，这本书里的字也就随之消失了。所以，发明这书的人可能是想告诫我们：既然读书，那就要有决心，不能总是三心二意，今天不读，明天不读，书受到冷落，也会离我们而去的。

闺蜜似乎了解到了什么，可是她仍然不理解为什么书中会藏着幸福。女人仍然微笑着，仿佛一朵悠然绽放的茶花那样，优雅而美丽。“书里，有我想要的生活。当我想要浪漫的时候，我就读一些文艺的书；当我觉得生活乏味，需要一些激情的时候，我就读一些小说；当我觉得生活压力太大而心情烦躁，需要冷静一下的时候，我就读一些漂亮的散文或者人生格言；当我觉得自己知识匮乏，需要充电的时候，当然就是读一些专业书籍了。”

女人的闺蜜听完后茅塞顿开。确实，你想要什么样的生活，书里便会给你什么样的生活。

优雅地读点书吧

或许有人以为纸质书可以做到的事情，互联网同样可以。百度一下，五花八门的电子书不计其数，搜索快捷、种类齐全、价格便宜。确实，在信息发达的今天，我们可以在网上寻找一切生活所需，可是，却唯独找不到那份久违的情韵。

而生活恰恰缺少的，就是情韵。

读点书吧，当你觉得生活压力非常大，想要寻找一个安静的角落，获取放松和安宁的时候；读点书吧，当你觉得生活实在乏味，如同一杯无色无味的白开水，想要寻找一些活力和激情的时候；读点书吧，当你觉得对很多事情无能为力，内心无助，想要让自己变得强大起来的时候。

试想一下这样的场景：此刻你正坐在阳台上，享受着阳光的沐浴，手边放着一杯醇香的奶茶，几块不能填饱肚子却能稍稍解馋的甜点，以及一本你所喜爱的书籍。当你翻开书页，优雅的手指在书中翻动的时候，你会发现自己已经进入了一个神奇的世界，这个世界里没有烦忧，有的只是静谧得忘了流转的时光。

关于读书，在这里还有几点建议，希望想要做优雅女人的你，能够有所收获。

1. 安静的环境才能衬托你的优雅

你或许有很大的定力，可以不受外界的干扰，可是要想让读书的效果达到最佳，还是远离嘈杂的环境吧，因为安静的环境和优雅的你才是最般配的。

2. 一杯水和几块甜点

不要觉得它们只是作为衬托而存在的，它们在你的身边是为了时刻提醒你，读书不能贪快，偶尔也要停下来，仔细回味。当你拿起水，或者将甜点放入口中的时候，也就是你回味和思考的时候。记住，停下来是为了更好地赶路。

3. 来点音乐会更加浪漫

如果加上一点儿优雅的音乐会不会更好呢？答案当然是肯定的，音乐的存在会让你渐入佳境，音乐也是培养优雅气质的必需品。在浪漫的氛围中，哪怕你读的只是一些笑话，也会让你倍感幸福。

亲爱的，读点书吧，如果你也想过上有滋有味的生活，如果你也想拥有一刻浪漫的时光，如果你也想做一个优雅的女人。

做优雅女人，从培养气质开始，而培养气质从读书开始。从今天开始，读点书吧，你会发现，书中真的有你想要的生活。

优雅的兴趣，从来都不会失去味道

生活，总是需要多一点味道的。越是平淡的生活，越是需要这样一点味道，否则，漫长的几十年，该是多么的枯燥和无味啊！而兴趣，恰恰就是这一点味道的来源。优雅的兴趣，为单调的生活添加了艳丽的色彩，为索然无味的生活增加了迷人的味道。想让生活变得更加充实和幸福，先给自己寻觅一个优雅的兴趣吧！

优雅的味道

生活有怎样的味道？有人说酸甜苦辣咸。但是，对于女人来说，当一切成为必然，工作、家务装点着时间的每一个角落时，生活的味道便消失得无影无踪了。或许是因为习惯了，就好像一份甜腻的甜品，每天都吃，也就觉得不甜了；或许是因为生活真的没有了味道，就好像地上的雨水，在太阳的强照下，总有蒸发的那一天。

所以，女人偶尔会烦躁，会想要逃离这个世界；偶尔也会暴躁，莫名其妙地想要摔东西；偶尔还会伤感，怀疑这根本不是自己想要的生活。长此以往，原本优雅的女人，变成了怨妇。

如果生活总如一汪死水，难道真的就让它这样下去吗？当然不是。那么我们可以做些什么呢？培养一些优雅的兴趣吧，生活不能没有兴趣，兴趣恰恰就是生活味道的来源。

在嫁给他以前，她是艺术学院的校花，弹得一手好古筝，在许多的比赛中，她一袭白色的连衣裙，加上一头乌黑的长发，再配上绝妙的琴音，拿下了大大小小的许多奖项。他是一家公司的副经理，贪恋她那优雅的气质，穷追不舍，两人终于修成正果。结婚之后，他从副经理升到了经理，又从经理升到了总经理，随着职位的升高，他也越来越忙了，总是有许多应酬，而家中的大小事宜全都由她来料理。

他和她都那么忙，一个忙着赚钱，一个忙着料理家务。渐渐地，他们之间交流少了，沟通少了，女人觉得这根本不是自己想要的生活，每天洗衣、做饭、买菜、打扫卫生，去的最多的地方就是超市、菜市场。女人经常发脾气，可能仅仅是因为今天做的饭菜有些咸了而男人只是随口说了一句，也可能仅仅因为男人的衬衫只穿了一天就弄得脏兮兮的。两个人也经常吵架，抑或冷战。直到有一天女人发现男人的衣领上竟然有了一个淡淡的口红印，她素来不喜欢口红，那一刻，她的心里咯噔一下。那天，她偷偷地跟着他，发现他和别的女人牵手进了一家西餐厅，在人来人往的街上，她蹲下身子痛哭起来。

女人不知道自己是怎么回到家里的，她只知道她走进书房看见了自己的古筝，上面已经落满了灰尘，她这才想起自己已经好几年没弹过古筝了，再看看自己：为了方便，再也没披散过头发，总是用一个发卡夹住；再也没穿过白色的衣服，因为做家务太容易弄脏了。她忽然意识到，自己之所以这么狼狈，这么痛恨生活，是因为自己把生活的味道搁在了墙角里。她又重新散下了头发，重新买了白色的连衣裙，她开始雇佣小时工来做家务，而她自己则每天都抽出两个小时的时间来弹古筝。弹古筝的时候是她最悠闲的时候，她可以忘记一切烦恼，觉得此时的生活是完完全全属于自己的。

那天，他半夜归来，听到房间里优雅的琴声，他又看到了那个一袭白裙、一头乌黑长发的她。他主动承认了自己的错误，告诉女人，其实他们就是吃了几顿饭，什么都没有发生。她微笑着原谅了他，继续他们的生活。男人不知道的是，女人重新变得温柔，只是因为她找回了生活的味道。

多一点兴趣，多一丝味道

其实生活里不是缺少了味道，而是缺少了兴趣。现在的生活，可以充满激情，充满浪漫，充满太多的轰轰烈烈和刻骨铭心，可是早晚有一天，这些都会被时间冲走，生活将回归平淡。那个时候，你就会发现，如果有一点兴趣在，生活是多么的有趣。

优雅的兴趣可以陶冶情操，修心养性，提高生活的品位。它可以是画画，可以是插花，可以是弹琴，可以是练瑜伽，可以是看书，还可以是一些特殊的收藏，以及各种各样的小手工。对于优雅的兴趣，还有以下几点建议。

1. 随心随性，不刻意

兴趣，随着自己的心就好，不要强迫自己，更不要刻意去做，太过于牵强，只能造成一种束缚。一定要找自己喜欢的事情去做，即便没有人提醒，在空闲的时候自己也会想要去做。强迫自己每天几点钟去做某一件事，不但不能为生活增添味道，还有可能让自己反感，多出一些烦恼。

2. 不追求完美

兴趣，原本就是生活的小插曲，以消遣和娱乐为目的，它不是工作，更没有老板的逼迫。没有必要追求完美。弹曲子，有模有样有进步就好，即便是音乐家恐怕也弹不出完美的曲子；练瑜伽，健康美丽就好，没必要做到和瑜伽高手一样，完成高难度的动作，伤了自己反而得不偿失；画画，自己喜欢就好，没经过专业训练，就不要要求自己像个职业画手那样……

3. 多一点交流

的确，兴趣是自己的，和任何人无关，可倘若和自己的朋友或者爱人多一些交流的话，兴趣便又会让彼此多了一些话题。同时，关于兴趣的交流，也可以促进兴趣上的学习和进步。

如果生活对于你来说，总是缺了那么一点味道，那么不妨去寻觅一个属于自己的兴趣。一个优雅的女人，总是能用优雅的方式装点自己的生活，充实自己的时间。培养一点兴趣吧，你会发现，得到的永远比想象的多得多。

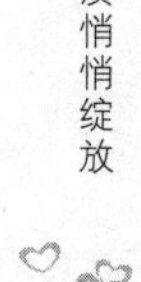

落落大方，一个女人应有的仪态

女人有很多种，有的如大家闺秀，落落大方、明艳照人；有的如小家碧玉，温婉内敛、楚楚动人。从古至今，都没人能够说出这两种女人到底孰好孰坏。其实，哪有什么好坏之分，只是看个人的喜好罢了，有人喜欢大家闺秀的开朗大气，有人喜欢小家碧玉的温柔娴静。只是，想提醒女人，如果你是小家碧玉，千万记得学习大家闺秀的落落大方，一个女人，最应具备的仪态便是它了。

时代需要大方的女人

没错，在这个时代里，虽然男尊女卑的思想尚未完全褪去，但是男女平等的口号也着实起到了一些作用，让女人逐渐走上了社会这个大舞台，独自撑起了一片天。生活在这样的一个时代里，女人早已经不是“大门不出，二门不迈”的居家小媳妇了，想要与时代接轨，想要有自己的一番作为，就一定要走出去。

落落大方，是一个女人与人交往时必须具备的仪态。落落大方的女人是坦率而开朗的，落落大方的女人是自然而潇洒的，落落大方的女人是大方而不拘谨的。时代需要这样的女人。遇人拘谨、不爱说、不爱笑、不洒脱、不自然的女人，在别人眼中总是会留下一些不好的印象，甚至令人不悦。而一个大方的女人，则能和任何一个人开怀畅谈，给许多人留下美好的印象。

女人，你需要一点儿大方。可能小时候你总是听妈妈的话：“轻言细语、笑不露齿，女孩子要有个女孩子的样子。”久而久之你也就习惯了。可是，当成为一个亭亭玉立的少女，进而成为一个风韵独存的少妇时，你真的需要大方一点儿。

微微就是这样一个深受妈妈影响的女孩，从小就是典型的淑女加乖乖女。她的妈妈是一位老师，教学严谨，思想传统，对她的教育十分严格。妈妈常告诉她，一个女孩子应该只能做女孩子应该做的事情，其他的事情碰都不能碰。就比如说起名字，微微的妈妈认为女孩子的名字就应该是"秀""娟""微""玲"等之类的，根本不认同有些家长给自己女儿起名叫"楠""亚""伟"等。就连微微上的高中也是女子高中，后来报考的大学也是师范大学。

微微很想像她的妈妈那样成为一名人民教师，所以毕业之后她就开始参加各所学校的统一考试，她总能考出一个特别优异的成绩，可是每次一到试讲这最后一关的时候，她就不行了。其实，也不是因为她紧张，她备课备得很好，可就是讲出来的内容，很难让人信服，好像连她自己都不相信自己讲的内容是对的是真的，神态举止总带着一丝拘谨，显得扭扭捏捏，让人看了十分不舒服，校长的评语是：这样的老师如何征服自己的学生呢？

微微也不知道自己错在了哪里，现实一次次打击着她的自信心，可是她除了做教师，还真的想不出自己还能找到什么样的工作。所以，她又一次考试，又一次站在了讲台上，可是结果依然令人失望，还是没有什么不同，她再一次落选了。微微很伤心，坐在学校里的花坛上垂头丧气，忽然一位老师模样的人走过来拍了拍她的肩膀，微微抬起头，看了看她。这位老师轻声地说："你知道你的问题在哪儿吗？"微微摇了摇头。老师便带着她来到了学校的礼堂，这里似乎正在准备一场演出，有几个孩子正在排练。老师带着微微坐在了台下。老师告诉她学生们预备排练一个小品，正在选小品的主角。先上来的小女孩，似乎很紧张，双手一直抓着自己的衣角，她介绍自己的时候眼睛只盯着一个地方，说话虽然很流畅，可让人感觉很不好。而第二个出来的女孩子，则显得落落大方，她先向在场的各位鞠躬，做了简短的自我介绍，在接下来的表演过程中讲话自然、表情丰富。她注意照顾到现场的每一个人，时而对着这边说话，时而对着那边说

话，十分生动和吸引人。

结束之后，老师问：“你觉得哪个孩子表演得好？”

微微笑了笑，回答说自然是第二个孩子。

老师点点头：“既然你也觉得第二个孩子好，那你为什么不做第二个孩子呢？刚才你站在讲台上，难道都没有看到讲台下，我坐在你正前方听你讲课吗？”

微微不好意思了，是啊，她一紧张，都没敢往讲台下看，所以根本没看到讲台下的人是谁。

老师安抚着她朝她微笑着说：“你什么都不缺，你的备课很充分，很完美，你唯一欠缺的就是大方。”

在这个时代中，女人如果不大方，总是一副扭扭捏捏的样子，让谁看了都是不舒服的。你可能不漂亮，你可能身材不出众，你可能口才不怎么样，可是，你落落大方的样子，必定会给人留下深刻的印象。

做个不扭捏的大女人

女人，大方一点儿吧！现代社会是一个开放的社会，一个大胆交流和释放自己的舞台，你需要大方地接受它，需要大方地秀出你自己，这才是一个优雅的女人应当做的。说话办事，如果总像是藏着掖着似的，会让人觉得你不够坦诚、不够坦率，也会让人对你存有戒心。尽管你会觉得委屈：“我并没有藏着什么啊。”是啊，如果你觉得委屈，那就大胆地表达自己，做一个不扭捏的大女人吧。

做一个不扭捏的大女人，其实说难也难，说简单也简单。

1. 从穿着入手

人靠衣装马靠鞍。想要变成落落大方的女人，就需要在穿着上注意一些。挑选适合自己的衣服，根据场合挑选服装。无论你穿的是不是名牌，记住着装一定要干净整洁，这样在别人眼中，你才能更具气质。

2. 从自己的仪态开始

驼背、低头、拖着鞋底走路，这怎么看都不像是一个大方的女人。所以，你应该改正，走路的时候一定要抬头挺胸，高跟鞋和地面接触的声音也应该是干脆有力的。待人接物时，也应该时刻注意自己的行为仪态。一个人日常生活里的仪态已经形成习惯，不容易改正，但是不要着急，日积月累，你会养成大方的仪态的。

3. 向男人学习

男人豪爽，所以男人总能交到那么多的好兄弟。这一点，女人也应该学习一下，生活中没必要总是斤斤计较，糊里糊涂的也不错。大方地请客，大方地接受邀请，大方地去认识朋友。关于这一点，女人真的需要多向男人学习。

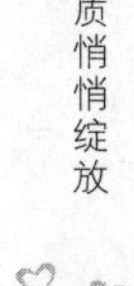

气质是先从嘴里说出来的

一个女人想要具备优雅的气质，首先要注意自己的语言。说话粗俗，或者扯着嗓子喊叫，抑或没有条理地乱说一通，这样的女人，即便外表再美丽，一旦开口，所有的美丽便荡然无存。想要修炼自己的气质，把自己培养成一个优雅的女人，就先从说话开始吧。

成也说话，败也说话

试想一下这样的场景：一个肤白貌美、身材窈窕的女人，穿着一袭蓝白相间的裙子，撑着一把轻盈的小伞，从你身边走过，空气里留下迷离的香气。这样的画面，让人感到身心愉悦。

此时有人一路小跑，不小心撞到美丽女人的身上。女人一转身，大眼睛一瞪，破口大骂："走路不长眼睛啊你，大早上的这是想占老娘的便宜啊！"

美好的画面戛然而止，如此粗俗的语言从一个看似如此优雅的女人嘴里说出来，还真是不相配。女人打扮得再迷人，如果说话粗俗，也总是令人生厌的。这样的女人只能做一幅静态的画，一旦开口，优雅尽失。正所谓成也说话，败也说话，说话的方式可以成就一个女人的气质，也可以毁掉一个女人的气质。

那么，女人在说话时应该注意一些什么呢？

1. 稳重大方

优雅的女人总是把自己的语速控制得得体又巧妙：说话太快，让人觉得你这个人很急躁；说话太慢，又让人觉得你没有主见。女人说话，最好分清交谈场合、对方身份，不要想说什么就说什么，更不要像个机关枪一样，不给别人说话的机会。在说话的时候，一定要让人觉得你很从容和稳重。

2. 讲究条理

无论在什么场合，和什么人说话，都需要注意语言的条理性。有些女人说话总是重复，或者前后完全没有联系，这样的话，会让人听不明白，对她这个人的印象也就大打折扣了。

3. 态度温和

俗话说，迎面不打笑脸人。在说话的时候，如果你态度温和，想必对方即便是在气头上，语气也软了三分。温和的态度，总是给人以好感，不知不觉就拉近了彼此的距离。拿起温和的武器，无论在什么情况下，它都不会让你失望。

女人说话，可以不必口才了得，可是，一定要讲究方式，不能颠三倒四、逻辑混乱，更不能扯着嗓子大喊大叫。这样说话的女人，总是会令人生厌的。家人或许习惯了你的说话方式，可在外面，如果你还是如此，不加修正，那么你在他人心里的印象只会大打折扣。

声音也可以优雅

大美女林志玲拥有天生的娃娃音，让无数人为之倾倒，她柔美的声线，总能让人和美联系在一起。是啊，谁不想拥有那么美的声音呢？可是，嗓音是天生的，很多女人就在想，自己天生就是一副粗嗓门，这辈子是没办法优雅起来了。

其实，即使你没有天生的甜美嗓音，只要在发音时注意一些问题，也是可以让声音变得优雅的。下面介绍一下发音时的小技巧——“三要四不要”。

三要：一要活泼，二要有感情，三要朝气蓬勃。

要活泼。嘴唇的形态和说话给人的感觉有很大关系，抿着嘴可以说话，捂着嘴也可以说话。但是，这样说出来的话，多少让人觉得不舒服。何不让自己

的嘴唇活泼一点儿呢？说话的时候，尽量让自己的嘴唇动起来，这样既可以让别人听清楚自己的话，又可以展示出女人的柔美可爱。

要有感情。没有感情地说话就像是读报纸，让人感觉不到你说话的韵味。如果想让人感受到你乐观热情的态度，那就需要注意让语气、音调随着感情的起伏而变化。有感情地说话，才能让人认同和信服，并感同身受。

要朝气蓬勃。有的人说话音调总是十分低沉，不知道是故作深沉，还是因为真的没有力气。这样的人总给人一种疲惫困乏的感觉，使对方也昏昏欲睡，提不起精神。说话就应该朝气蓬勃。一个优雅的女人，更要给自己的声音注入一股活力，让自己的声音听上去充满朝气。

四不要：一不要鼻音，二不要高音，三不要轻声细语，四不要喇叭。

不要鼻音。很多女人或许并没有注意到自己的鼻音，在歌曲中，有些歌手会刻意用鼻音来增强歌曲的某种情感。但是，你有没有注意到，在电视剧或者电影中，那些有鼻音的女人，往往扮演一些坏女人的角色，要么尖酸刻薄，要么嚣张跋扈。而且，说话时夹杂的鼻音会让人听起来十分不舒服。

不要高音。女人在发脾气的时候，多半情况下会不自觉地发出尖锐的高音，这种声音会让人心情烦躁。如果女人说话时常常发出这种声音，容易给人留下没有修养的印象，让人避而远之。

不要轻声细语。小声说话的习惯让女人显得永远有那么多的小秘密。在和闺蜜谈心的时候，用很小的声音会让对方觉得亲切，但是，如果放在平时，这样的讲话方式是很令人讨厌的，声音那么小，别人要非常用力才能听清楚，这样对方非但不会觉得你很温柔，反而会觉得你精神萎靡，或者十分做作。

不要喇叭。很多女人说话像是吹喇叭一样，嗓门超级大。这样会打扰到别人，也会让和你对话的人十分不舒服。如果已经形成了习惯，那么不妨试着在自己的桌子上或者电脑上贴上纸条，时刻提醒自己小声说话。

只要掌握了这些要领，相信你也可以成为一个说话优雅的女人。

一颗平常心，不是平庸的心

有些女人生来就是有雄心壮志的，想让自己高人一等，想让自己有非凡的成就，于是，她们一生都在追逐着，没有时间观看身边的景色，没有时间感受温暖的爱，没有时间体会生活的美好，等到她们幡然醒悟，一切已经太迟了。何必如此执着于“非凡”二字呢？不如拥有一颗平常心，平淡而来，平淡而去，接受欢喜，也接受悲伤，接受微笑，也接受泪水，用一颗平常心去面对生活中的一切，你会发现岁月原本是如此静好。

平常和幸福是等价的

男人发生撞衫的事件，总是笑一笑就过去了，或者根本就不会发现有人与自己撞衫，而女人则不一样，发现有人与自己撞衫，会生气，会失望，甚至会把刚买的新衣服压在箱底，再也不穿了。女人，总是会比男人的想法多一点儿，总想有自己独特的一面，总想让自己在各个方面都出众一些，无论是相貌身材、穿衣打扮，还是职场前途，抑或是男友的家世背景。于是，很多女人都不断追求这不平凡的幸福。

何必执着于此呢？平常和幸福是等价的，只有拥有一颗平常心，你才会发现生活中的美好；只有拥有一颗平常心，你才会懂得满足；只有拥有一颗平常心，你才会远离生活中的纷纷扰扰。平常心，就如同一面干净的镜子，能够让你的视野更加广阔，看到以前看不到的美好和幸福，而欲望、固执只能迷住你的双眼，让你和幸福分道扬镳。

有些女人可能不知道，平平常常、平平淡淡才是真正的美好，才是生活真正的幸福。不争不抢、随性随缘，生活给予什么，那就接受什么，女人只有具备了这样的心态，才能遇到陶渊明的诗里“采菊东篱下，悠然见南山”的那种幸福。

阳光暖暖地洒在海滩上，幽幽的海风带着咸咸的味道。渔夫躺在自己的渔船边，手拿一把摇扇，悠然地看着报纸。一个西装革履的中年人走了过来，他看了看太阳，现在才是下午两点多钟，他又看了看渔夫，不禁摇了摇头。

“你怎么不出海打鱼呢？现在才两点多钟，你就休息了，是不是太浪费时间了呢？”

渔夫懒洋洋地抬了抬眼皮，看了看中年人。

“今天打的鱼已经够多了，不需要了。”

见渔夫这么说，中年人心想渔夫每天打鱼肯定能挣不少钱，于是便说：“可你每天多打一点儿鱼不好吗？如果你每天五点多钟收网，多打三个小时的鱼，一年之后，你就可以把自己的房子翻修一下了。”

“我现在的房子挺好的，不需要翻修了。”

中年人还不死心，继续说：“即便你不翻修房子，也可以让自己的生活变得更好啊，如果你按照我说的去做，不出两年，你就能再买一艘船了，这样你每天又可以多打一倍的鱼。”

“那又怎么样？”渔夫把眼皮一耷拉，摇着自己的摇扇说。

“那样的话，你又可以打很多鱼了，不出一年，你就可以把一艘小渔船，换成一艘大货船，再过两年，你又可以把它换成一艘更大的商船了，再过一年，你就可以开一家自己的公司了，无论是加工鱼产品，还是做鱼类供应商，都是很赚钱的。再过两三年，你的公司就可以上市了。”

“然后呢？”渔夫闭目养神。

“然后你就可以把公司交给自己的手下，自己就可以空闲出来，坐在沙滩的摇椅上，摇着扇子，看报纸了呀！”

“我现在不正在这样做吗？”渔夫笑了笑，反问道。

是啊，很多时候我们就像那个中年人，自以为自己在不断追求，不断成长，不断向上，可是回过头来才发现，自己所追求的，其实恰恰是自己现在所拥有的。

人生就如同一条长河，有平静的时候，也有波澜壮阔的时候，有一马平川的安宁，也有一泻千里的壮美，我们只需静静地去接受、去享受就可以，何必执着于马不停蹄地奔波和操劳呢？

平常心，不平庸

说到平常心，很多女人或许并不理解，总认为平常就是平庸，人如果不追求、不奋斗，就只能庸庸碌碌地了此一生，那是一种消极的生活态度。其实，并非如此。平常心，并不是平庸的心，它是一种超然的生活态度，更是一个优雅的女人应有的心态。

人生原本就是有得有失的，并不是努力就一定能如愿以偿。我们当然要追求，只是不过于贪婪，不过于固执就好，能够得到固然是好的，可倘若得不到，也应一笑置之。这是一种生活态度，只有抱着这样的心态，你才能真正地过上自己想要的生活，才能真正地去享受生活。

如果你也想拥有这样一颗平常心，那就平静自己的心绪，按照以下说的去做吧。

1. 学会淡泊

世间太多烦恼，源于“名利”二字。有人过于追求这两个字，最终蹉跎了岁月，被生活所抛弃。人活于世，应学会淡泊名利，有也好，无也罢，自己安心过自己的生活。拥有名利，不见得就是好事，而没有名利，也不见得是坏事啊。

2. 学会放弃

过分执着就是固执。一个人可以有所追求，可是过分地追求，真的不见得

是什么好事。要学会放弃，可能会有一些不舍，可能会有一些不快，可是，不放弃，又怎么知道自己可以得到更好的呢？就好像雨季，虽然没有了阳光的照耀，却有了雨水的滋润。正所谓塞翁失马，焉知非福。

3. 学会满足

小时候，我们总是责怪家长，为什么自己明明考了98分，他们还是不满足呢，难道只有100分才值得骄傲和自豪吗？可我们长大之后，早已经将过去的事情忘记了。我们也成为了“不满足的大人”，有了这个，还想要那个，有了那个，心里又开始惦记别的。学会满足，其实很多平凡的幸福，一直萦绕在身旁。

当你真正学会了淡泊、放弃和满足，相信也就练就了平常心，不用担心自己会变得平庸，因为当你拥有平常心的时候，你已经开始享受这个世界，享受那种“平常”的生活了。

让自己独有一缕清香

有人将女人比喻成花，因为女人的姿态万千，花的姿态也万千，可是，花朵是具有香气的，所以，女人也应该是带着香气的。这香气，可以如茉莉的清新，可以如玫瑰的浓郁，可以如百合的淡雅，还可以如薰衣草的神秘。女人如花，风情万种，女人如花，香气宜人。女人，就应该拥有属于自己的一缕清香，那是自己的专属味道，那是一种令他人沉醉的味道。

香水的魔力

香水，是一个每每提起都能让女人泛起微笑的词语，它代表着一个女人独特的味道，能为女人的美丽增添一丝独特的韵味。在如今这个年代里，别说是女人，就连很多男人也开始使用香水了，为了衬托自己的绅士风度，男人也开始钟情于不同种类的香水了。所以，女人，千万不要忽略香水，它不仅可以让女人拥有属于自己的独特味道，这一抹清香，更是女人优雅气质的最佳衬托品。

香水是有魔力的。说到香水的魔力，有一个人不得不提，那就是埃及艳后。埃及艳后，这位享誉国际盛名的梦幻美人，素爱制香，没有哪个男人能够逃脱得了她独特香气的诱惑，所有人都为她的风姿如痴如醉。

埃及艳后曾经一统天下，可当时的埃及并不是一个强大的国家，他们的邻国罗马帝国的实力非常雄厚，野心勃勃的凯撒大帝，很早之前就有吞

并埃及的想法了。战争一触即发，埃及艳后自然知晓，自己的国家无法和强大的罗马帝国相抗衡，于是，她想要用自己的美貌去赢取这场战争。

单纯的美貌自然是不能够取胜的，埃及艳后别具匠心地制作了一艘玫瑰香船，这艘船每日用玫瑰水来浸泡，船上更是洒满了玫瑰的新鲜花瓣。当这艘船出现的时候，玫瑰的花瓣漫天飞舞，香气更是如同微风细雨一般，弥漫在水面、大地和天空。而她自己，也在此之前每日沐浴在玫瑰水中，她站在船头的时候，俨然一位玫瑰美人，令人神魂颠倒，如痴如醉。

玫瑰香美人，坐在玫瑰香船上，那是一幅怎样美丽的景象呢？埃及艳后就这样来到了尼罗河，沿途的百姓纷纷跑出来观看，不由得发出一阵阵的赞叹之声。河岸上都是围观的人，一层又一层，都想亲眼目睹埃及艳后的美貌，可是只闻其香，不见其人，那种感觉更是令人欲罢不能。

其实，埃及艳后还没有到达罗马的时候，凯撒大帝就已经耳闻了埃及艳后这一路造成的轰动景观，他早就盼望着埃及艳后的到来。可是，那艘玫瑰香船却始终停留在港湾里，埃及艳后始终没有露面。凯撒大帝早已经着急了，他时常盼望着埃及艳后出现在自己面前。然而，在望眼欲穿的等待中，没有等来埃及艳后，却等来了埃及艳后的信物，那是一块带着玫瑰香气的手帕。凯撒大帝仅仅见到香帕就已经被征服了。

就这样，埃及艳后虏获了凯撒大帝的心，这场战争结束了。埃及艳后带着自己的香船回到了埃及。一艘香船，一位香美人，就这样化解了一场战争。随后，埃及便进入了鼎盛时期，再没有国家可以动摇它的地位。

这就是香水的魔力，它可以顷刻间瓦解人的防备，让人越发向往。可想而知，女人，如若多了这么一缕清香，该是多么优雅和令人迷醉？

香水发展到现在，已经不仅仅是玫瑰水那么简单了，它有着无数的味道，不仅有花香，还有水果香，有单纯的味道，也有混合的味道。总会有一种是你喜欢的，总会有一种是适合你的。

如果你已经拥有了优雅的气质，何不锦上添花，让优雅在香气中继续绽放呢？相信你是会爱上这种独特的优雅的。

有味道的女人

女人应该有属于自己的味道，这种味道是独一无二的，是自己专属的，是令人一闻就立即想起自己的。也许你会说，如果两个人用同一种香水，又怎么能说独特呢？其实不然，同样的香水放在不同的人身上，味道是不一样的，因为每个人即便是不喷香水，也是有自己的味道的。即便是喷洒了相同的香水，有着相似的味道，不同的人给人的感觉也是不一样的。

除了香水，其实还有很多物品可以为女人增添一抹香气，比如带着香味的化妆品，抑或带着香气的洗发水，都可以为女人带来独特的味道。但是，想要做一个有自己独特香味的女人，在选择香气的时候，一定要注意以下几方面。

1. 是幽香，而不是浓香

一抹淡淡的幽香，令人闻之欲醉，那种香气沁人心脾，可是太过于浓郁的香气，就令人感到刺激了，甚至有些人闻到这种香气，会不自觉地屏住呼吸。这种香气是令人讨厌的，也让自己不舒服。

2. 对化妆品的香气要谨慎

现在许多化妆品都被打着香气迷人的口号在销售，这让一些劣质的化妆品找到了空档。许多女人误以为，香气越浓，化妆品质量越好，其实这是错误的。一般来说，优质的化妆品都带着淡淡的清香。千万不要让不适宜的香气迷惑了自己的双眼。

3. 选择合适的洗发水

对男人而言，女人的秀发也是打动他们的关键所在。一头乌黑亮泽的长发，配上自然怡人的香气，这种女人真是叫人闻之欲醉了。选择一款适合自己的洗发水，让香气持久停留在头发上，跟他亲密接触的时候会让你在不经意间风情无限。

4. 淡淡的，似有非无

香味，不要太浓，也不要太烈。最好是那种淡淡的，似有非无的，初闻是有的，当你想要再闻一闻的时候，却发现没有了，当你感到遗憾时，这种香气又出现了。这才是最好的香气。

一朵花，如果没有香气，再美艳，也会令人感到遗憾。一个女人，如果仅仅具备优雅的气质、姣好的容貌，而没有一抹香气的点缀，也会失了那么点儿味道。优雅的你，需要香气的衬托，去找寻吧，你会找到那抹属于自己的清香。

第二章

荷花，保持傲然的姿态

“出淤泥而不染，濯清涟而不妖，中通外直，不蔓不枝，香远益清，亭亭净植。”这美好的词句说的便是荷花了。荷花，洁身自好，清高不凡，它们是花中的君子，出于淤泥，依然保持自身的洁净。女人，应当如荷花一般，保持自己的风格，不在乎他人的看法，独自享受自己的生活，优雅中带着从容，从容中又充满了微笑。在生活中，做一个如荷花般的女人，保持自己傲然的姿态吧。

只有学会了爱自己，才会去爱别人

如果问你，世界上最爱自己的那个人应该是谁？有人会说父母，因为父母的爱是最无私的，最不计回报的；也有人说应该是自己的爱人，毕竟那个人才是和自己共度一生的人。其实，这些答案都不对，世界上最爱自己的那个人应该是自己，如果连你都不爱自己，还能期待生命中的谁来疼爱你呢？女人，应该学会疼爱自己，只有先学会了爱自己，才能去爱别人。

给自己多一点疼爱

女人，应该学会爱自己。

在这个世界上，父母总有一天会离开你，他们也会老去，所以，他们的爱也是有限的。而且，当你慢慢长大，去了离他们很远的城市生活，他们无法再像小时候那样给你无微不至的爱。爱人的爱也是有限的，他们虽然有宽阔的肩膀，有一颗雄鹰般的心，可他们和女人一样也是渴望被爱的，况且，男人总是没有女人心细，他们的爱给得再多，也终究是不够的。

所以，女人应该学会爱自己，世界上最疼自己的那个人也应该是自己。

可是，世界上有太多的女人把自己摆错了位置，总是把全部的爱给了男人，用全身心去爱一个男人，照顾一个男人。

箐就是这样一个女人。她爱她的男人，很爱很爱，她把自己全部的爱都给了他。她也说不上自己到底为什么会这样爱一个男人，恨不得把自己也融入他的躯体里，和他合二为一。或许是因为从小缺少父母的爱，当箐遇到男人的时候，男人对她一分好，她恨不得回报十分。

箐是一个温柔贤惠的女人，见过她的人，没有不夸她的，她的男人也觉得拥有她是一件非常有面子的事情。箐的确太爱她的男人了：她早上会早起一个多小时，排队去买男人最爱喝的豆浆。男人只喝那一家的豆浆，箐只好骑着自行车，排长队给他买豆浆；男人爱喝箐煲的汤，箐下了班一刻也不歇地便给男人煲汤喝，这种汤要煮上一个多小时，菁乐此不疲；男人的衣食住行，所有的一切都是箐来准备。箐心疼男人上班太累，做饭、洗碗、擦地、洗衣服，什么事情都是她一个人做，绝不让男人动手，甚至她在月经期，腰疼得直不起来，也要自己做这一切。在家里，箐更像是一个高级保姆，而不像是一个女主人。

很多人都说箐太贤惠了，箐总是说还不够，还不够。因为整天忙于做家务，安排着男人的一切，箐很少有时间打理自己，她舍不得给自己买化妆品和护肤品，衣服更是很少买，她几乎不逛街，她也没有时间逛街。女人是很容易变苍老的，太过于劳累，让箐比同龄人看上去大了好几岁，加上她的衣服大多也是过时的，更是给她的年龄加了好几岁。尤其是箐的那双手，十分粗糙，一点儿都不像是女人的手。

可是，这样的好女人往往找不到真正疼爱她的男人。男人背叛了她，像是丢一件衣服那样就把她丢弃了。箐拿着行李搬出和男人在一起住的房子时，她只觉得脑子里一片空白，自己累得喘不过气来，哭都不知道如何哭，她不知道自己做错了什么。她哭着问男人自己哪里不好，男人只是说："正是你对我太好了，让我时时刻刻都有内疚感。"

箐走了，她也总算明白知道自己哪里做错了。在这个世界上，她只懂得要好好爱别人，却忘了自己最应该爱的人是自己。

世界上像箐这样的女人真的不少，她们以为爱就要爱得伟大，她们甚至会被自己伟大的爱感动。可是，她们唯独忘记了，自己应该好好爱自己。在有人爱的时候，应该为了爱自己的人，好好疼爱自己，在没有人爱的时候，更应该好好爱自己。

给自己多一点疼爱吧！在罗兰小语中有这样一句话："一个人必须自助，然后才可以得到天助和人助。"一个不懂得疼爱自己的女人，男人更不会懂得疼爱你，连你自己都不爱自己，更别提让别人去爱你了。

先爱己，后爱人

女人，先疼爱自己，然后再去爱别人吧。因为只有学会了爱自己，才可以更好地去爱别人。如果你不知道如何疼爱自己，又怎么去爱别人呢?

爱，这个字十分简单，很多女人把爱挂在嘴边，天天说着“我爱你”，却并不懂得爱是什么。爱，并不是每天守在他身边，黏着他说“我爱你”；爱，也不仅仅是给他买份礼物、买件衣服；爱，更不仅仅是每天给他洗衣、做饭。只有日积月累，慢慢摸透他的脾气，了解他的喜好，找到与他最舒服的相处方式，那才是爱，才是真爱。

在这个世界上，你对谁的脾气、喜好最清楚，和谁待在一起最轻松自如呢？当然是自己。

从自己身上，你最能知道怎样去了解一个人，如何去疼爱一个人。所以，要先学会爱自己，再去爱别人。只有学会了爱自己，才可以好好地爱别人。

在这里，给大家一些小小的建议，去好好地疼爱自己。

1. 凡事先考虑一下自己

有人说这是一种自私的表现，那可就大错特错了，只考虑自己那才是自私，先考虑自己并不能算得上自私。你可以帮男人洗衣服，但是别忘了给自己戴上手套，月经期你可以做家务，但记得身体最重要，不爱做饭那就去餐厅买，碰不了凉水，那就烧开水，没人心疼你，你更要好好心疼自己。凡事先考虑一下自己，多疼惜一下自己吧。

2. 学会说不

要学会拒绝男人的要求，今天不舒服，不用强打起精神去帮他准备晚餐，他一顿饭凑合一下没什么，你若是累病了，吃苦的可是自己。再者说，一个真正爱你的男人，是不会在你不舒服的时候，向你提出过分的要求的。

女人，好好疼惜自己吧，不要奢望别人把你含在嘴里怕化了，捧在手心怕摔着。那样的男人，可遇不可求，你只有依靠自己，才能让自己多一点健康，多一点幸福。好好疼惜自己吧，你收获的会比想象的多得多。

沉淀心灵，绝不让它有一丝尘埃

荷花为什么可以生长在淤泥中，依然洁净无瑕，开出灿烂清澄的花朵呢？那是因为荷花有一颗清明澄澈的心，虽然在淤泥中，可它们时刻记得沉淀自己的心灵，让心时刻保持干净和清洁，正因如此，即便是淤泥再脏再臭，荷花也还是可以开出美丽的花朵来。一个女人，如果想要过上没有烦忧困扰、干净透明的生活，也应该学习荷花，时刻沉淀自己的心灵，绝不让它染上一丝尘埃。

放逐自己，让心沉淀

学过化学的人，恐怕都知道在分离混合物的时候，经常使用的一种方法叫作沉淀。沉淀，将杂质沉在杯底，剩下的则是纯净澄澈。女人，何尝不能用沉淀法来让自己的心灵也保持一份清澈呢？

在这个浮华的尘世中，许多事情都是光怪陆离的，许多人都是心浮气躁的，谁也不想这一生都碌碌无为，谁都想一飞冲天，一鸣惊人。生活对于女人来说，总是要比男人多一些烦琐，多一些杂乱，加上女人天生敏感，这就注定女人会比男人更多一些烦恼，更多一些忧愁。所以，女人想要让自己过得轻松一点儿，让自己过得快乐一点儿，想要让自己在一个即便满是烦恼的环境中也能过得自在，这就需要学会放逐自己，学会沉淀自己的心灵。

她从小就是个有梦想的女孩子，她的梦想就是做一名时装设计师。她从八岁就已经开始使用剪刀和针线了，小时候最喜欢给布娃娃做衣服，因

为手太小，也没有那么灵活，被剪刀剪到肉，被针扎到手指是常有的事。后来，她考上了服装学院，专攻服装设计。她是个很有灵性的女孩子，她的老师都这么评价她。

大学毕业之后，她进了一家小设计公司，她以为，自己离创立品牌的梦想又近了一步。可是，公司实在太小了，只能跟风做一些仿版的衣服，根本不敢开创自己的风格和品牌。她有那么多好的设计稿，全都派不上用场，她一气之下辞了职，结婚生子，再也不想服装设计的事情了。可谁知命运偏偏就是这样捉弄人，当她将梦想搁置一旁，偏偏机遇就来了。几家大的服装公司联合举办了一个设计大赛，设计师只要有作品都可以参加，而且不限风格。她就随手把自己曾经的作品投了过去，没想到作品过五关斩六将，最后杀进了决赛。最后的前三甲将拿到知名服装公司的聘任合同，还会被派往法国进修。

离决赛还有三天的时间了，可她还没完成自己的设计图纸，就连一个最基本的构思框架都还没有。之前她交的都是自己曾经的作品，稍作修改就交上了。她暗自叹气，决赛可没办法这样了：一来，自己已经没有多余的作品了；二来，这可是决赛，绝不能马虎。她苦思冥想，还是没能找到一丁点儿的灵感，也难怪她找不到：孩子时不时就哭闹，刚刚断奶的孩子自然是娇气一些；爱人工作很忙，家务活基本都是她一个人在做，她参加比赛，爱人已经尽可能地帮她分担了。

因为走神，她把锅里的稀饭熬糊了，菜也炒糊了，她一个人懊恼地蹲在地上不知所措。爱人回来，闻着味道走进厨房，见她蹲在地上，急忙询问她出了什么事，她把苦恼告诉了爱人。爱人把她扶起来，然后什么都没说，开始煮稀饭，只不过这一次的稀饭水很多，而米很少。等到水开了的时候，米粒全都翻滚起来，整个锅里看上去乱糟糟的，这个时候爱人关掉了火，然后把她叫过来说："你看，火关了，稀饭的心静了，米粒慢慢沉淀下去，看上去这上面的水是不是清澈多了呢？"

她看着这一锅稀饭，可不是如此？爱人接着说："人也是一样，静下来，沉淀下去，心就干净了，没有杂质了。"

她顿悟，责怪自己天天煮稀饭，竟然连这个简单的道理都悟不出来。

女人，在油盐酱醋茶的小麻烦中生活，在尔虞我诈的大麻烦中生活，都需要做到一点，那就是偶尔静下来，沉淀自己的心灵，让自己的心放轻松。只要心灵没有尘埃了，做什么事情都是得心应手的，生活也就恢复了之前的宁静。

女人，你肯定会煮稀饭，当你煮稀饭的时候，别忘了提醒自己，偶尔放逐一下自己，偶尔沉淀一下自己的心灵吧。

拂去尘埃，还自己一份清静

世间本无事，庸人自扰之。我们之所以会觉得疲惫，会觉得烦躁，都是因为心里堆积了尘埃，这些尘埃加重了心灵的负担，也让我们多了生活的负荷。女人，当生活的负重太多的时候，便会烦躁，便会发脾气，哪怕是一丁点儿的小事，都能在心里掀起一阵惊涛骇浪。不要责怪自己，更不要抱怨生活太烦琐，你只需让自己的心轻松一点儿就好了。在嘈杂的环境中，你或许只想要一份清静，不是不可以，只是你改变错了对象。你不应该设法改变环境，如果你的心是杂乱的，你换到任何一个环境中，都不会得到自己想要的安宁。你需要改变的是自己的心，不信你看：巍峨的大山，因为心静，它在哪里，哪里就是沉静的；广博的大地，因为心静，它在哪里，哪里就是淳朴的；高远的蓝天，因为心静，它在哪里，哪里就是干净透明的。相信，聪明的你也看到了。

所以，女人，你真的应该拿起手中的掸子，拂去心里的尘埃了。可是，如何才能拂去心灵的尘埃呢？

1. 读诗，读散文

静静的诗句，静静的散文，令人每每捧卷轻吟，总是能得到一丝安宁，似乎把自己融入到了那样的诗情画意当中，十分畅快，十分自然。当你静下心来，或者当你静不下心来的时候，拿起一本诗集，抑或拿出一篇散文，静静地读下去吧。

2. 深呼吸，冥想

在瑜伽里，最高深莫测的莫过于冥想，冥想的部分甚至比体式的部分更能

让人放松。想象自己在一片茂密的森林中，抑或一片汪洋大海前，可以嗅着花香，可以踏着海浪，让自己的身心都得到一种放逐，或许这是最恰当不过的心灵呼吸方式了。

3. 一个人散步

一个人走在阳光灿烂的清晨，走在夕阳余晖中的黄昏，那情景是多么静谧美好。一个人的时候，你的脑子里可以什么都不想，也可以任思绪胡乱飞扬。偶尔去一个人散步吧，给自己一段悠闲独处的浪漫时光。

生活是两个人的，没有第三者

总有人说“二人世界”，这个词虽然简单，可蕴含的意思却十分深远。什么是二人世界，顾名思义，自然是两个人的世界。两个人的世界安静祥和，充满了浪漫，也充满了温暖，那是完全属于两个人的世界，这个世界也许简单，也许单调，可满满的都是两个人的爱。可是，既然是两个人的世界，那就容不得第三个人的干扰。如果你也想拥有这样一个美丽而多彩的二人世界，那就请不要让第三个人干扰你的生活。

拒绝“第三者”

两个人的世界，容不得“第三者”的插足。这里的第三者，并不仅仅指介入你们感情生活的那个第三者。这里的第三者，指一切除了你们之外的人，可能是某一方的父母，可能是某一方的兄弟姐妹，也可能是某一方亲密无间的朋友，甚至有可能是你们的爱情结晶。

也许有人会说，父母年龄大了，肯定是会搬过来一起住的，我们怎么可能一直过二人世界呢？的确，很多父母想要和自己的孩子长期生活在一起，可是，父母毕竟和孩子生活在两个年代，两代人生活习惯、处世观念都不一样，相处久了必然会有磕磕碰碰。所以，不要轻易让父母干涉自己的婚姻生活，也不要随意将两个人之间的隐私说给父母听，否则，两个人的生活必定会受到干扰，严重的还有可能会爆发一轮家庭大战。还记得在《裸婚时代》里，童佳倩怀孕了，在连番的询问下童佳倩的母亲得知他们小两口还在过夫妻生活，立

即找到刘易阳求证此事，并逼迫他写下保证书。结果，刘易阳和童佳倩大吵一架，这是属于夫妻之间的隐私，哪怕是作为过来人的母亲也是不方便干涉的。

还有人会说，如果不做丁克家族的话，两个人将来也必定会有孩子的。没错，孩子当然会存在，可是，绝对不能让孩子影响到你们的二人世界，如果影响到了，那么孩子也会是你们生活的“第三者”。女人，有着天生的母性，当有了孩子之后，恨不得把全部的爱都给自己的孩子。可是，别忘了，你除了孩子，还有爱人，不要因为过度疼爱孩子，而忽略了你的爱人。孩子长大成人后必定会有自己的家庭，可爱人这辈子都会陪伴在你左右，你不应该忽略他，更不应该伤害他。很多男人当了爸爸之后，总是抱怨自己的老婆太疼爱孩子，根本不理会自己，他们甚至会吃自己孩子的醋，这都是常有的事情。

除了父母、孩子，两个人的世界里还会出现别的“第三者”。比如，一方的亲属、朋友，会因为某种原因来家里住，这给小夫妻的生活带来了许多不便。在《新结婚时代》中，何建国的哥哥因为要在城里打工，就暂时居住在了顾小西和何建国的新家里，对于这件事，顾小西就算是再通情达理，也实在无法忍受，为此，两个人展开了一轮又一轮的家庭大战。如果真的遇到这种情况，那就尽早和另一半诉说自己的苦恼，商量最稳妥的解决方案吧。因为，二人世界，真的私密而不可侵犯，真的容不得别人打扰。

他们闯入了你们的二人世界，介入了你们的小夫妻生活，虽然不是有意的，可必定会影响到你们的感情。所以，想要让爱情走得更长久，还是尽可能避免这种事情的发生吧。

小恩爱的私密空间

女人，总是有这样或者那样的心事。女人在一起也经常会谈论许多感情的问题，如果是亲密无间的闺蜜在一起，还会聊到一些隐私。

小七就是这样一个女人，结婚三年了，她和爱人一直不想要孩子，觉得生孩子是件太麻烦的事情。但是，小七有一大帮的闺蜜，她最讨厌的就是有了男朋友或者老公就把闺蜜抛到一边的人，所以约会经常带着她的闺蜜。于是浪漫之旅变成了一群人的旅行，虽然这没有什么不好，可毕竟小七的爱人只想带着她过二人世界。

小七的爱人预定了一家西餐厅的双人餐，结果，正好赶上小七的一个闺蜜回国，小七直接带着闺蜜来到了这家西餐厅，而小七的爱人只好独自回去了。这还不算，小七的爱人还要在两个人酒足饭饱之后，把她们接回自己家里。

这样的事情发生了太多次，小七的爱人总是一忍再忍。有一次，小七和姐妹们在一起聊天，时间有点儿晚了，小七便给爱人打电话，要他来接自己。小七的爱人过来之后，这帮姐妹们聊了几句，不知谁忽然说了一句："小七老公，看你仪表堂堂的，床上功夫也太烂了吧？"小七的爱人先是一愣，气氛有些尴尬，他立即转头就走。小七觉得自己在姐妹面前丢了面子，回到家后刚准备和爱人大吵，结果爱人先发飙了。小七的爱人把自己满肚子的怨气全部发泄了出来，小七彻底愣住了……

两个人的世界，容不得"第三者"插足。仔细想想，你和爱人是朝夕相处的两个人，要共度好几十年的时光。爱人只是想回家抱抱你，亲亲你，窝在沙发里躺在你的腿上看电视抑或和你聊聊天，偶尔和你出去浪漫一下吃顿烛光晚餐，难道这么简单的要求，你都不能满足吗？如果想让自己过得幸福，还是和爱人一起打造一个恩爱的私密空间吧。

这个小恩爱的私密空间只有你和爱人，绝对的私密，不允许任何人介入，更不会对外泄露任何隐私。这才是一个真正的爱的空间。

还是那句话，生活是两个人的，容不得第三者的介入。

爱得卑微，得到的总是卑微的爱

张爱玲的一句话曾经钻进了无数女人的心底，这句话是这样说的：“爱一个人，就会变得很低很低，低到尘埃里，在尘埃里开出花来。”女人，向来如此，在爱情里总是伟大的，总是愿意付出的，总是不计回报的，说女人傻也好，说女人痴情也罢，女人就是如此。可是，永远记得，倘若因为爱一个人而把自己变得卑微，那么，得到的也将是卑微的爱。

卑微的爱

爱情，从来都是女人生命中的劫数。一个女人在没有遇见爱情的时候，自由、天真、烂漫，有爸爸宠着，有妈妈爱着，有爷爷奶奶姥姥姥爷疼着，可是，当女人遇到了爱情，她的生命便全然改变了。她开始学着爱一个人，对一个人好，恨不得把自己全部的生命都奉献给那个人。面对爱的那个人，无论以往多么高傲的女人，都放低了姿态，开始学着体贴、学着温柔、学着牺牲、学着隐忍，一切只因为爱情，一切都为了那个男人。

的确，每一个女人都是如此。可是，女人不能没有自尊地去爱，不能没有底线地去爱，更不能失去自我地去爱。这样的爱是卑微的，如果你爱上的是一个好男人，他会更加体贴你、爱护你、照顾你，可如果你爱上的不是一个好男人，那么，这样卑微的爱，在他眼中是廉价的，是绝对不会被珍惜的。你觉得爱能否得到回报只能看运气，其实不是，因为如果你爱的是一个好男人，他根本不会让你这样卑微地爱着他，他早已把你捧在手心，怎么忍心让你受伤，让你受苦呢？

她爱上了比自己大十岁的他，整整五年了。

说到她爱上他的经历，她总是一脸笑容，兴高采烈：“五年前，他是我大学军训时的教官。那天我大姨妈来了，肚子疼得厉害，快要晕倒的时候，他一下子把我横着抱起来，送到了医务室里。那一刻，我就爱上他了。”

是的，他是她的教官，两人只有短短半个月的接触，他站在队伍前，她站在队伍中，没有过多的交流。军训结束的时候，她要了他的手机号和QQ号，开始和他联系，他们恋爱了，他说非她不娶，等她毕业。她一直记着他的话，心想快点儿毕业，好和他在一起。谁知道他在老家早已定了亲，退伍之后便和老家的女人结婚了。

她是在毕业答辩的前一天知道这件事情的，知道以后，她立即买了火车票飞奔到了他的身边，在酒店里，她对他倾诉着相思之苦，他只是说自己也是被家里逼的。好吧，一句被逼的，她就原谅了他。那一晚，她没有走，她惊慌失措，充满了恐惧，可她还是把自己的初夜给了这个已婚的男人。第二天，他说：“我要回家了，否则她知道会打架的。”她说好。他说：“你自己走吧，我不送你了。”她也说好。她一个人离开这座陌生的城市，回到学校里，已经过了毕业答辩的日期，求了好多次老师，才允许她第二次答辩。为了他，她差一点儿都毕不了业。

毕业之后，她来到了他的城市里，找了一份工作，安心地守着他，她觉得自己是世界上最伟大的女人，能够为了爱做出这么大的牺牲，偶尔她会被自己感动得流下眼泪。男人偶尔会过来看她，近距离接触之后，她渐渐发现他早已不是原来那个高大帅气的教官，而是一个吸烟酗酒、有啤酒肚的老男人。可她依旧喜欢他。他总说家里的妻子这样不好，那样不好，他总说会娶她，男人在有性欲的时候说的话是不能信的，可她信了，苦苦地等。她把自己挣的钱都花在了他身上，他也经常向她要钱，有时候她拿不出来，甚至还会打骂她，那一次，她好看的门牙就被他打掉了。每次被打完，她都会哄他，然后陪他睡觉。

她就这样卑微地爱着他，直到有一天她亲眼看到他搂着一个女人在逛商场，而那个女人小腹隆起。她蹲在地上泪如雨下，这么多年来，她卑微地爱着一个人，没想到自己在男人心里像一个玩偶一样，喜欢的时候碰一

碰，不喜欢的时候就扔到一边。这么多年才明白，他不是真的爱她，而她得到的也只是卑微的爱。

爱情是平等的

其实，生活中像她那样傻的女人真的不少。她们自以为自己很伟大，能够为了爱情付出那么多，甚至偶尔还会被自己感动。可是，这样的爱情真的值得付出吗？

爱情应该是平等的，如果一个男人爱一个女人的话，他应该懂得这个道理，甚至他也会像女人那样，爱上一个人就甘愿放低自己，为对方付出，为对方牺牲，而不是一味索取。

如果男人爱你，真的不会让你爱得卑微。看着你为他付出，他会心如刀绞，恨不得所有的罪责都由自己来承担，他更会在生活里加倍地疼爱你、宠你，而不是让你卑微地爱着。爱情，其实也如同经济里的物品交易，你付出十块钱，得到的是十块钱的东西，你付出一百块钱，得到的就是一百块钱的东西，你付出的是无价的，那你得到的也是无价的。俗话说，人心换人心，爱情中，这句话同样适用。如果爱情里的双方不平等，这段爱情多半会以失败收场。

女人，醒醒吧，停止你卑微的爱吧！那个让你卑微地爱着的男人并不是真的爱你，他可能贪恋你的美貌，他可能喜欢你的身材，他可能只享受你的身体，他还有可能只是喜欢被人喜欢的那种感觉，这根本不是爱情。

爱情是平等的，给了男人什么，就会给女人什么，如果你没有得到，那是你的男人出了问题。女人，学会爱自己多一点，你的幸福就多一点。爱情世界里，你原本就是一个弱者，如果自己不爱惜自己，那还奢望谁能给自己更多的爱和幸福呢？

处事不惊，你有你的风度

泰然自若，神情如常，临危不乱，处事不惊。这一看，很多人便会以为说的是男人，因为似乎只有男人才会经历大事，才会有这样表现的机会，其实，女人也需要如此。一个优雅的女人，从不慌张，从不恐惧。一个优雅的女人，坦然于世，淡定处事，拥有优雅的风姿，更具大气的风度。每一个女人都应该做到这样，让自己变得从容潇洒，哪怕天塌下来，又能怎样呢？

人生起伏，沉着应对

一个人，从呱呱坠地到生命终结，总是会有高低起伏的人生经历的，有绚烂的高潮，也有压抑的低谷，有平坦的大道，也有曲折的小路。如果不是这样，人生也就毫无乐趣可言了。有人曾说，人嘛，总是要遇上点事儿的，要不然总是平平淡淡的有什么意思呢？是啊，如果途经的总是阳光大道，没有山丘，也没有海洋，走在路上，也就没有什么意思了。

生命中终究是有起伏变化的，当遇到变化的时候，是慌乱得不知所措，还是沉着以对，笑看人生呢？答案当然是后者。女人应当学会镇定地面对人生的波澜，如泰山般稳妥，不着急、不慌乱、不紧张，有条不紊地处理问题，这才是一个优雅的女人应有的处事风格。

世间有太多太多的饮品，她独爱咖啡，35岁那一年，她终于攒够了钱，开了一家属于自己的咖啡厅。咖啡厅装饰得淡雅清新，令人赏心悦目，再配上优雅的音乐，真是一个绝妙的享受生活的地方。她自己也十分享受，尽管开业一年以来，这家咖啡厅的盈利状况并不好，可她十分享受在这儿的日子，因此一直苦苦支撑着。第二年，咖啡厅已经有了不少的回头客，生意也慢慢好了起来。

这天，她正坐在咖啡厅的后厅里品着刚刚新上的咖啡，一个服务员跑了进来："姐姐，不好了，新来的服务员不小心把咖啡洒到了一位顾客身上，这位顾客把一帮兄弟都喊来了，正在外面准备砸东西呢！"

她听了这句话甚至没有站起来，而是静静地品完了口中的咖啡。

"姐姐，你快点儿吧！"

"没事儿，不着急，你先去外面，我随后便去。"

服务员着急地看了看她，就急忙跑出去了。她把咖啡杯子放好，这才姗姗而来，外面已经剑拔弩张，一个有纹身的小伙子正拿着椅子准备砸东西呢。

"你要是不嫌累的话，那就砸吧。"她坦然一笑。

拿椅子的男人随即放下了椅子，他一脸横肉对着她便吼："你是这里的老板吧？你说这件事该怎么办？"

她还是笑了笑："首先我得跟您道歉，这是服务员的失职，可她确实也不是故意的。如果您因为这么点儿小事就要把我的店砸了，那您尽管砸，我上过保险，保险公司会赔偿我，而且我也会起诉您，估计您不仅要赔偿我的损失，还会负一些刑事责任吧？"

男人愣了一下，又怕在众人面前丢脸，仍然恶狠狠地喊着："你别以为你这么说，我就会怕你！老子可不是被吓大的！"

"您是不是被吓大的我可不知道，我就知道您这么做，对我有利，对您有害。如果您同意的话，这次咖啡给您免单，您如果下次光顾的话，我还会给您优惠，毕竟不打不相识嘛。"

男人一听这话也软了，虽然嘴上很横，可他也害怕惹事，直接招呼自己的兄弟们在这里喝了咖啡，然后便走人了。服务员们可是吓坏了，而她却依旧微笑，好像什么事都没有发生似的。

"姐姐，您真的不害怕那些人砸店啊？"一个服务员问。

"怕？怕又有什么用，他要是砸，我怕也没有用啊。"

"可是，我们的店是您的心血啊，好不容易走上正轨，开始盈利了，要是被砸了，那可是一笔不小的损失呢！"

她微微一笑："既来之，则安之。"

是啊，害怕又有什么用呢？与其慌张地跑来，又是赔礼又是道歉的，还不如稳若泰山，和对方讲道理，讲得通最好，讲不通也是没有办法的事情。或许，你优雅的处事风格，正击中对方的软肋，这也是说不定的事情。

做一个风度翩翩的女子

都说男人风度翩翩，女人则无须如此，其实，女人也是应当具备一定的风度的。一个有风度的女人，无论面对什么事情，都能拿出自己的风度来，不慌张、不着急，用最快的速度解决事情。可能有些事情并不能解决，可一个有风度的女人，即便是面对这样的事情，也会微微一笑，既来之，则安之，何苦为难自己呢？

一个风度翩翩的女人，要比风度翩翩的男人更具有个人魅力，更让人倾心，更令人眼前一亮。一个风度翩翩的女人，活得潇洒，活得洒脱，这世间没有什么能难得住她们，因为她们有一颗强大的心。

其实，想要做到处事不惊，想要做到风度翩翩，并不是一件难事，只要你有一颗想要改变的心，一切都是很简单的。

1. 不着急

不着急，并不是让你做事慢吞吞。这个不着急的过程，其实是你稳住自己的过程，只有稳得住自己，才能稳得住局面。遇到事情，先思考，再行动，不要着急去解决，有时就是因为着急，原本可以解决的事情也变得更糟了。

2. 有条理

解决问题，自然需要语言。当你学会了不着急，组织好自己的语言，顺畅、流利，如同演讲一般有条不紊地说出来。或许对方会被你的睿智所折服，也会被你的风采所吸引，本来紧张对峙的局面也就缓和了。

3. 有风度

很多时候，不是仅凭单方面的努力就可以解决问题的。如果你已经尽力去解决，可最后还是失败，那也不要气馁，很多事情是注定的，你想逃也逃不过，还是那句话：既来之，则安之。后悔和懊恼是解决不了问题的，还不如随它去，该怎样就怎样，保持自己的风度。

有时，清高也是一种赞美

这个世界上有一个成语，叫作“自命清高”。这个成语时常被用在女人身上，尤其是一些漂亮的女人。用词的人多少带着一些鄙夷，认为这样的女人自以为是、自命不凡。其实，女人不要对这个成语太在意，有时，清高是对女人的一种赞美，而女人需要一点儿清高。清高，代表着女人身上的价值，也体现出一个女人的聪慧。清高的女人，有一点儿傲气，有一点儿神秘，浑身上下散发着与众不同的气息，令人神往。

独具魅力的清高

清高的女人，拥有一股看不见摸不着的气场，独具魅力。这种魅力与女人的美貌和身份都毫无关系，那是一种淡淡的气质，清新而脱俗，有着一种淡淡的高贵，透着一股隐隐约约的神秘。她们神秘，她们孤傲，她们令人产生无限的遐想。她们与外界似乎隔了一层薄薄的纱，当人们透过这层薄纱看着她们的时候，只看见一份朦胧的美；如果有爱慕者想要揭开这层薄纱，那可就不容易了，因为她们清高得很，是绝不允许任何人轻易走进她们的世界的。

绿水洗红尘，无忧自清高。女人，真的需要一点儿清高。清高的女人独具一种冰冷的气质，让她们冷得独特，越发显得冰清玉洁，惹人怜爱。清高的女人，懂得保护自己，不轻易交出自己的感情和内心，绝不会让一些不相干的人伤害到自己。

她们是一对双胞胎，因为出生在春夏交接的季节，因此一个叫春天，一个叫夏天。无论从样貌上看，还是从身材上看，她们都几乎一模一样，可是接触过她们的人都能一眼便认出谁是春天，谁是夏天。

春天内敛，夏天热情。从小到大她们都是在同一个班级里，学习成绩也都是名列前茅的。她们考上了同一所大学里不同的专业。因为颇具姿色，春天和夏天经常会受到各种各样的邀请，唱KTV，去酒吧，参加大学联谊会等。夏天就如炎炎夏日里的阳光热情似火，所有的邀请她都不会拒绝，她喜欢被人宠着爱着的感觉。而春天则不一样了，她总是委婉拒绝，有时会说自己要去图书馆，有时会说自己要去自习室，有时干脆直接拒绝说没兴趣。春天简直太难约到了！一开始人们觉得这是春天矜持，后来渐渐地没有人约她了，大家便说她自命清高。

就连夏天都觉得姐姐有些自命清高了，她偶尔会劝说姐姐，不要觉得自己成绩好，长得漂亮，就谁也不理，这样走到社会上是很难与人交往的。可是春天总是笑而不语。圣诞节的晚上，春天和夏天同时受到圣诞节大Party的邀请，夏天百般讨好姐姐，要她一起参加，可春天询问了一下都有哪些人参加的时候，便拒绝了，夏天只好一个人去了。可是，晚上夏天却一个人闷闷不乐地回来了。

春天询问她出了什么事，夏天扑在春天的怀里哭了起来，她怎么也没有想到那帮男生竟然要和她去开房！她拒绝的时候，男生竟然说："装什么装，你自己是什么德行，我们还不知道吗？"夏天哭着问姐姐，难道在别人眼中自己就是这么一个随便的人？

春天帮夏天擦了擦眼泪，告诉她说，女人就应该清高一点儿，不该理的人不理，不该做的事情不做，即便是别人说破了嘴也没有用。既然是清高，那就绝不能轻浮，不能让人看不起，更不能让人轻薄自己，这是最起码的自我保护。

最后，春天说："你不是垃圾桶，没有必要理会所有的垃圾。你应该是天上的星星，别人再怎么瞻仰和赞美，都和你无关，你继续闪烁就可以了。"

有时候，一个女人的清高真的是自己的保护伞，杜绝一切不怀好意的人的靠近，更让一些人打消了轻薄你的念头。别人邀请你，你喜欢就同意，不喜欢就拒绝，不要碍于情面，更不必理会别人会骂自己不知天高地厚。而你更应该像是天上的星星，在天际中闪烁着自己的光芒，别人会赞美你，会瞻仰你，可这一切都是与你无关的事情，你应该做的是继续保持自己的美丽，让自己继续闪光。

清高是独具魅力的，那种魅力是受人尊敬的，也是令人崇拜的。

清高的两面

有一种女人，她们很美，无论走到哪里，都像是电影明星一样，拥有超高的回头率，可是，她们的鼻孔似乎是朝上生长的。她们或许有一份不错的工作，或许有一个十分有钱的老公，或许有一个富有的家庭，或许什么都没有，只是假装一副高高在上的姿态，想着别人会高看自己一眼。她们把任何人都不放在眼里，不尊重别人，只用钱和相貌去衡量一个人的价值。这种女人是假清高，她们是真真正正的表面清高，这种清高令人厌恶，让人根本不想接近她们。

真正的清高是骨子里的清高，这样清高的女人可能并不漂亮，也没有什么钱，可她们从不为金钱而折腰，更不会虚张声势。她们充满智慧，懂得什么该做，什么不该做，懂得什么人值得交往，什么人不值得交往。她们时刻都在修炼自己的内心，让自己更加充实，更独具魅力。

这就是清高的两面，相信独具慧眼的人，一定能分辨出自己想要的是哪一种清高。只是，女人的清高也是需要一定的资本的，如果你也想拥有这样的清高，那就开始修炼自己吧。

1. 用知识装点自己

俗话说，腹有诗书气自华。一个用知识装点自己的女人，必定会比一个用名牌服饰装点自己的女人更有韵味和魅力。如果你的肚子里一点儿墨水都没有，是清高不起来的，岁月悠悠，多学点儿知识吧。

2. 独具自己的风格

一百个女人有一百种味道。你不应该追随别人的脚步，而应该守住自己那一抹特殊的味道，不要随波逐流，更不要人云亦云，你有自己的风采。切记，一个骨子里清高的女人，是不会随随便便模仿别人的。

3. 特立独行

不勉强自己，不勉强别人，不迁就谁，更不会奉承谁，这就是特立独行的女人。她们有着天生的保护意识，也有着一股正义感，绝不会曲意逢迎。坚定地走自己的路，看上去很难，走起来就不难了。

第三章

紫薇花，做一个娴静羞涩的女子

“似痴如醉丽还佳，露压风欺分外斜。谁道花无红百日，紫薇长放半年花。”这是紫薇花，一种娴静而羞涩的花。每当你的手轻轻触碰到它的叶子，它就会因为羞涩而颤抖起来。女人，应如紫薇花一般，静静地开放，享受自己漫长的花期，不争不抢，只享受自己的美好。那是一种淡然的生活态度，令人神往，如同一幅挂在墙上的美景图，令人如痴如醉。

爱情这块染布上，矜持是不会褪色的

爱情就如同一块染布：你想要让它成为红色，就为自己添加激情；你想要让它成为蓝色，就为自己添加浪漫；你想要让它成为五颜六色，就为自己添加万种风情。然而，在爱情中，对于女人来说，有一样东西是不可或缺的，那就是矜持。一个娴静优雅的女人，必定少不了矜持，而一个活泼开朗的女人，也绝对不能少了矜持。女人，就应该矜持一些，这是上天赐予女人的权利。

矜持一点，优雅一点

或许，你是个乖巧的女人，温顺是你最大的特质，男人喜欢你的温顺，喜欢宠着你，爱着你，然而这并不代表，你听到男人要求什么，就要顺从地立即去做。你需要矜持一点儿，太过于听话，会让男人渐渐失去对你的兴趣。

或许，你是个阳光的女人，活泼是你最大的优点，男人喜欢你的开朗，喜欢你的直白，喜欢和你逗乐，然而这并不代表，你可以豪爽地如同男人一般，随意答应男人的请求，甚至大方地去主动邀请男人，如果这样的话，男人会觉得你是个随便的女人。

太容易得到的东西总是不被珍惜的，爱情也是一样。如果轻易就得到了爱情，可能随手便丢弃了，而费尽千辛万苦才得来的爱情，则让人倍感珍惜。其实，这不难理解，一份工作轻松随意，这样挣来的钱，你肯定花得很畅快，而一份艰苦的工作，辛苦难熬，这样挣来的钱，你却怎么也舍不得花。

女人应该矜持一点，因为矜持是女人的本色，这个词语从降生开始就是属于女人的。

她是一个绝色美人，性感而充满魅惑，对于男人来说，她就是一个性感的尤物，没有哪个男人不为她的美色倾倒。她终日泡在舞池里，幻想有一个白马王子出现在自己面前，把自己带走，从此在城堡里过上幸福的生活。在舞池里，总是会有男人前来搭讪，她从不拒绝，因为她害怕错过自己的白马王子。这些男人都是非富即贵，每个人的身价都不低，他们请她跳舞，带她到最好的餐厅里用餐，给她送花、送名贵的礼物。

然而，短短三个月，她已经和五个男人交往过了，这些男人总是莫名其妙地失踪，和自己相处几天，便再也不见了踪影。不过，没关系，没有了他们，还是会有源源不断的男人过来，总会有她的白马王子的。果然，她一转身便跌进了一个男人的怀里，只是一个眼神，她便醉了。两个人就这样认识了，她了解到他是一家集团公司老总的儿子，将来要继承集团企业，虽然有钱，但总是觉得空虚，想找个人来陪陪自己。他们开始顺理成章地出双入对，过了一段纸醉金迷的“幸福”生活。直到有一天，在一次酒足饭饱之后，服务员告诉男人，他的信用卡消磁了。男人面露难色，女人慷慨解囊，把自己的工资卡递了出去。男人十分感激地说：“工资卡先留在我这里，明天有惊喜。”女人妩媚地笑了笑。

然而，第二天惊喜果真来了——一张余额为零的工资卡。女人愣住了，她以为男人会给自己的工资卡预存一大笔钱，或者干脆给自己换成一张随意透支的信用卡，没想到他把钱全部取走了。她疯狂地给男人打电话，却被提示这个号码已经注销。她去男人说的那个集团打听，结果被告知这个集团的老总只有一个女儿，年龄还不到15岁。她确定自己被骗了，她是那么喜欢这个男人，他幽默风趣，温文尔雅，就是自己梦中的白马王子，可为什么他骗了自己？女人别无选择，她只能再次振作起来，重新回到舞厅，因为她没有钱了，工资卡里是她所有的积蓄，她必须像之前那

样，让男人为自己埋单。

一日，她又喝多了酒回到家里，看到信箱里有一封信，她打开看了看："如果我猜得没错，你现在还在舞池里，和那些有钱的人跳着舞喝着酒。你幻想能嫁入豪门，其实，这只能是幻想，一个男人是不会把一个放荡的女人娶回家的，他们需要的娇妻是矜持的女人。"

是啊，一个如此随意就答应男人请求的女人，说得好听一点叫随便，说得难听一点就是放荡和放纵。可能这并不是你的本意，你只是不习惯拒绝，不喜欢说话拐弯抹角。明明就是很想答应别人的邀请，可嘴上偏偏说不，这对于你来说是虚伪、是做作，其实，这只是矜持，一个女人应该有的矜持。

是矜持，不是扭捏

女人，就应该矜持一点，优雅一点。学会委婉地拒绝，并不是所有的邀请都值得你参加，并不是所有的人都值得你交往。就算是你真的很想点头，也不要立即同意，给自己一点儿考虑的时间，也让对方多一点儿追求的时间。

但是，这是一种矜持，而不是一种扭捏。女人扭扭捏捏、吞吞吐吐的样子，有时候是一种娇羞，可时间久了，做得太过，就难免让人觉得做作，产生厌烦的情绪。

那么，究竟如何做，才不是扭捏呢?

1. 落落大方

在矜持的时候，学会委婉地拒绝，而不是来回搓手，低头含羞，支支吾吾得说不出话来，这个样子，会让你觉得难堪，更会让对方放弃邀请你的欲望。可以大方一点儿，先说一句"对不起"，然后给对方一个理由，如此干净利落，男人也不会责怪你的。

2. 沉思片刻

矜持并不表示一定要拒绝，你可以稍微想一下，沉思片刻，让对方等待一会儿，然后再回答是不是要接受邀请。“先让我想想有没有时间”“我先看看其他的安排”，这样给人的印象是你的每一个决定都是经过思考的，你并不是一个随便的人。

3. 延期答复

“我明天再给你答复吧。”这句话用在任何场合都是不失分寸的。而且，在男人的潜意识里，他会对你更加充满兴趣，因为你优雅而神秘。如果你第二天接受邀请，他会倍感荣幸，而如果你拒绝了邀请，他还会第二次邀请你的。

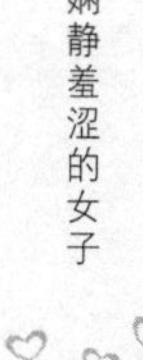

娴静的女人，是一幅赏心悦目的画

夕阳静静地洒满了湖面，金灿灿的，泛着红光。微风吹过，阵阵涟漪令人心旷神怡，浮动的柳枝让人思绪飞扬。女人，站在湖水边，倚在柳枝旁，她面带一丝微笑，时而用手将微乱的发丝拢于耳后。好美的风景，好美的女人，如同一幅挂在墙上的画，是那般温和、静好。最妙的便是这娴静的女人优雅、清新的气质，令人沉醉其中。做一个娴静的女人吧，你也可以像画面中的女人一样，成为别人眼中那道亮丽的风景。

娴静的，美好的

一个女人，应该是娴静的，就好像一幅画一样，令人赏心悦目。娴静的女人，不是柔弱的女人，这娴静中是蕴含着力量的；娴静的女人，外柔内刚，她们自信，她们也坚强；娴静的女人，不是愚钝的女人，这娴静中透着智慧，这种智慧是一种从容，能够在关键时刻帮她们淡定地解决棘手的问题。

如果你是一个热爱生活的人，你或许可以发现，美女有很多种，可能够称得上美女的，必定有娴静的一面。她可能是一个热情似火的女人，可一个人独处的时候，她也会安静地享受自己的美好时光；她可能是一个阳光灿烂的女人，可和爱人在一起的时候，她也会静静地点头微笑；她可能是一个刚强的女人，雷厉风行，可她累的时候，也会安静地坐在一边，读书、写字。

她叫静娴，人如其名，真是一个娴静的女人，披肩长发，大大的眼睛，明亮得如同一汪清水，最妙的是她笑起来的时候，眼睛眯成弯弯的月牙，嘴角轻轻上扬，甜甜的，淡淡的。

她叫璀璨，是一个风风火火的丫头，热情活泼，即便是在陌生的环境，她也能让自己迅速融入其中，她很漂亮，是个难得的漂亮女人。

她们从高中就是同学，后来一起进入了同一所大学，毕业之后又进入了同一家外企公司工作。高中的时候，静娴在一边看书，璀璨在一边和男生玩篮球；大学的时候，静娴在音乐室里弹钢琴，而璀璨则在旁边的舞蹈房学习街舞；工作之后，静娴面对电脑查找资料，璀璨则到外面到处跑业务。都说她们是一静一动，配合得天衣无缝。可是，年近30岁的她们境遇却发生了不同的变化。静娴已经被提升为经理，且差不多两年前嫁给了一个音乐家，而璀璨呢，却始终没能获得升职，私人生活也十分混乱，有的是喜欢她的，她自己不喜欢，有的是相处了一段时间便分手的。

璀璨又分手了，而当时静娴和自己的爱人正在度过第二个结婚纪念日。静娴用了三个多月的时间绣了一个十字绣的枕头，送给了爱人，而爱人则悄悄地给她订了一款钻石项链，两人的感情令璀璨羡慕不已。

分手后，璀璨心情低落，约静娴出来喝酒。璀璨喝了些酒，酒后说话多少是没有顾忌的，她说："我哪一点儿比你差呢，可你什么都比我好！"

静娴先是一愣，也没说什么，璀璨喝多了，又是头晕又是吐的，静娴在她身边照顾了她一整晚。第二天，璀璨酒醒后，静娴约她去海边走走，两个人在夕阳的余晖中，漫步在沙滩上。风有些大，海浪也很汹涌。

"璨璨，你说现在的大海漂亮吗？"

"一般般。大海嘛，有的时候波涛汹涌一些，能彰显它的魅力。可我还是更喜欢它平静的时候，海水蓝蓝的，金色的阳光洒在上面，我只要在海滩上待一会儿，就感觉特别放松，什么烦恼都没有了。"

"是啊，女人也应该和大海一样，偶尔波涛汹涌一些会让人觉得有魅力，可大部分时候还应该是平和温柔的 ，这才是大多数男人心目中的好妻子。"

璀璨顿悟，默默地低下了头。

娴静的，也是美好的。一个女人就应该像是迷人的海一样，应该是平和的，安静的，如果总是波涛汹涌，谁也无法忍受。

娴静的女人，优雅而恬淡

女人，可能并不了解娴静的真正含义。娴静的女人，不是内向的女人，她们也会很自然地和陌生人交流，只是嘴角多一抹淡雅的微笑，面容多了一分亲切；娴静的女人，不是愚蠢的女人，她们的大脑里充满了智慧，和别人交流时，组织出来的语言也是有条不紊的；娴静的女人，不是冷漠的女人，她们比任何人都愿意去爱，更懂得如何去爱。

都说好的女人是一所学校，而娴静的女人，那就是一所贵族学校。普通学校教给你如何生活，而贵族学校，教给你的则是如何享受更美好的生活。

一个娴静的女人，优雅而恬淡，举手投足间都透着那么一股高贵的气质，令人倾倒。可是，女人的娴静是需要修炼的，这种修炼可能需要一段漫长的岁月。

当你也下定决心做一个娴静的女人时，你是否已经做好准备了呢?

1.等待岁月的沉淀

娴静，并不是一朝一夕便能修炼成的。女人在十几二十几岁的年纪，总是充满阳光的，向往激情澎湃的生活，这并没有错。娴静，就是在这些过往的岁月中修炼而来的，经历了许多的喜悦和悲伤，经历了许多的微笑与泪水，女人便会长大，便会成熟，对于以往放不下的都看淡了。如果你不是一个娴静的女人，那就慢慢等待，只要你心存“岁月静好不争不恼”的念头，相信岁月会将你改变成一个娴静的女人。

2.做安静的事情

一个女人最美丽的时刻，就是她安下心来，静静地做自己喜欢做的事情的时候，那个时候的女人，面露微笑，恬淡美好。不要总想着轰轰烈烈，再强悍的心，也经不起长久的波澜。偶尔，享受一个人的时光，做一些安静的事情，在时光中，慢慢地磨练自己，说不定，这样的你，早已经被某个人刻在心里的那幅画中了。

若解风情，你也可以是一道风景

正值青春年少的女孩子，多少都是喜欢浪漫的，她们总是幻想自己是电视剧里的女主角，被男主角浪漫地追求。可当岁月悄悄流逝，女孩子慢慢成熟，蜕变成了女人，开始为人妻、为人母，也开始意识到，电视剧里的情节永远都只能出现在电视里，是无法出现在现实生活中的，于是低头生活，不再幻想。这就是为什么许多男人总是纳闷，为什么婚前的她那么喜欢浪漫，而婚后的她竟如此不解风情。其实，女人，年少也好，年老也罢，真的不要丢了一颗解风情的心。

温柔矜持中，再加上一点儿坏

女人，应当温柔而矜持。娇羞的女人，就如同一朵含苞绽放的紫薇花，透着羞涩，透着神秘，一低头的温柔，总能让男人按捺不住心中的欲望。

女人，温柔一点儿，矜持一点儿，是好的，可如果太过于矜持，就会被人说成不解风情。在自己的男人面前扭扭捏捏，的确可以算得上娇羞可爱，可如果做得太过，就会让人觉得索然无味了。在恋爱中，男人多半情况下处于主动的那一方，女人总是处于被动，因为要保持女人的矜持。可是，如果男人总是主动，主动的时间久了也是会累的。如果哪一天，他真的累了，你难道还一味地保持自己的矜持吗？

在温柔和矜持中，如果再加入一点儿风情，这样的女人想必是没有哪个男人能招架得住的。都说男人不坏，女人不爱，其实，当男人主动久了，女人不

坏，男人也就不爱了。

在这里可以给你一些小小的建议。

1. 善用你的眼神

无论是新婚夫妻，还是老夫老妻，抑或是热恋中的男女之间，眼神永远都是沟通的最佳桥梁。欲语还休的眼神，忽闪忽闪的长睫毛，哪怕你的眼神中什么都没有，单单是静静地凝视着他，也会升华你们之间的情感。

2. 巧用暧昧的语言

言语制造的暧昧，看上去空洞，实际上却是最直接最实在的。时不时夸赞对方两句，说一些甜言蜜语。不要觉得不好意思，偶尔一句“我爱你”“我想你了”会让对方动情万分的。

3. 十指紧扣

很多男女都觉得热恋的时候十指紧扣很自然，可是当接触一段时间，就会觉得两个人十指紧扣很幼稚，尤其是已经结了婚的人。其实，两个人十指紧扣是很容易产生情感上的“化学效应”的。当两人十指紧扣时，男人总是想要给女人更多保护，而女人也会感到温暖和安全。无论如何，偶尔和他十指紧扣，可以让两个人靠得更近。

别忘了年轻时的浪漫

情人节，他买了一束玫瑰给你，你皱着眉头说：“都老夫老妻了，还整这个干什么，这得花多少钱啊，买酱油都够咱们吃半年了。”

结婚纪念日，他准备了红酒和烛光晚餐，你吃了一惊说：“我都给忘了，什么纪念不纪念的，都过了这么多年了。”

你的生日，他瞒着你准备了生日蛋糕和一桌子的好菜，还为你准备了生日礼物，你心里感动，嘴上却说：“都多大岁数了，还过生日，还买蛋糕，弄得我像个孩子似的。”

……

这是很多已婚家庭中非常容易出现的一幕。他的心肯定凉了，也许你还不知道。是啊，换作是你，你也会伤心的。如果是你绞尽脑汁为对方准备了惊喜，换来的却是他的一顿唠叨和埋怨，你想想看，自己受得了吗？

恋爱的时候，无论男女总是懂得浪漫的，总是寻找一切机会创造浪漫，为两个人的回忆添加色彩。这个时候的生活可能如同一杯咖啡，香醇怡人；可能如同一杯烈酒，激情四射；可能如同一杯奶茶，温暖香甜。可两人一旦步入婚姻的殿堂，或者在一起的日子久了，手牵手，都像是左手牵右手，毫无感觉，此时的生活就如同一杯白开水，无滋无味。这个时候的生活让人厌倦，让人感到疲惫，甚至让人想要逃离。

生活，需要激情，需要新鲜。如果你也厌倦了白开水，那就偶尔来一点儿浪漫吧。

1. 接受男人的浪漫

男人和女人一样，当厌倦了生活的滋味，也会寻求新鲜感的，他会想办法制造浪漫。这个时候，你就完完全全接受他的浪漫好了。送你花，你要记得表现出惊喜的样子，说“谢谢亲爱的”，并送他一个吻。这样解风情的女人，没有男人不喜欢。

2. 女人也可以制造浪漫

世界上也有一种男人，老实、踏实，就喜欢白开水一样平淡的日子。可如果你受不了，那制造浪漫这种事就交给你吧。偶尔买一朵玫瑰摆在餐桌上，在他生日时送他一个贴心的小礼物，瞒着他偷偷预订西餐厅的位子。相信你的男人会感到内疚的，这些原本应该是他做的事情，却由你来完成，他会加倍珍惜你，说不定哪天会“开窍”，还给你一个浪漫的大惊喜。

3. 相约过节

男人总是粗线条，你不要寄希望于自己想要什么，男人都会知晓，大部分情况下，他们真的不知道，也猜不出来。偶尔给他们一些暗示，实在不行，那就明着说吧。两个人相约过节，情人节、七夕、结婚纪念日等，约好这一天要浪漫地一起度过，寻找当年恋爱的感觉。不过，一定记得在他手机里设定好备忘录，否则他很有可能会忘记的。

一个娴静的女人，若解风情，必定令人向往，令人崇拜，令人欲罢不能。解风情的女人，是一道美丽的风景，她们懂得浪漫，她们的温柔中透着那么一点儿坏，让男人深深爱上。你想成为这样的女人吗？

不争奇斗艳，只享受自己的美好

女人就好像是花园里的花儿，每一种花都有其独特的韵味：牡丹华贵，玫瑰魅惑，茉莉纯净，百合优雅，向日葵充满活力，薰衣草又充满了浪漫。你说不上哪一种最美，也说不上自己最爱哪一种。其实，每一种花总有自己独特的地方，而女人也是一样。谁都有美的一面，谁都有丑的一面，没必要盯着别人的美，而忽略了自己的美。不与百花争奇斗艳，一个娴静的女人，懂得欣赏自己的美好。

你就是一道风景

人世间的美有千万种，你说不出哪一种才是最美，你若喜欢，那这种美就是最美的，你若不喜欢，别人就算是夸得天花乱坠，那这种美在你心里也算不上美。有些人总是羡慕别人，尤其是一个不自信的女人，总觉得别的女人比自己长得漂亮，别的女人比自己身材好，别的女人比自己气质优雅，别的女人比自己有才华。可你忘记了，在别的女人眼中，或许你也成了羡慕的对象。

美，在每个人心里的定义都是不同的，有人觉得朴素是一种美，有人觉得高贵是一种美，有人觉得性感是一种美，而有人却觉得优雅才是真正的美。每一个女人都是一道美丽的风景，所以，没必要去羡慕别人，因为，你也有自己独特的美。

从前有一个公主，她长得很美丽，从小到大，都有人夸奖她的美貌，都说她是世界上最美丽的女孩。公主也深信不疑，她觉得自己是世界上最美丽的女孩，她不允许别人比自己更美丽，于是，便到处寻找美丽的女孩，和别人比试，到底谁才是最美丽的。

她走遍了好多地方，和许多美丽的女孩都比试过了，没有一个女孩是

她的对手。公主沾沾自喜，自己果然是全天下最美丽的女孩子啊。可是，这个时候，有一个老奶奶站了出来，指着她的鼻子说，你还不如乡下那个喂猪的女孩呢。

公主气疯了，竟然有人说自己不如一个喂猪的女孩，公主决定一定要找到那个女孩，和她比个高低。公主走了很久，终于看到了那个女孩，一见到她，她就笑得捂着肚子坐在了地上，这个喂猪的女孩子奇丑无比，脸上一块大大的疤痕，只有一只眼睛看得见。就这样的女孩还敢和自己比美貌，真是不知天高地厚。

老奶奶又出现了："如果你不觉得她美，那你就去问问这个村里的每一个人，这个女孩美不美。"

公主立即开始行动，她根本不相信这么丑的女孩也会有人说她美，可是，事实真的如那个老奶奶所说，大家都说那个女孩很美。公主不甘心，她几乎问遍了这个村子里所有的人，可是真的没有人不说她美。公主十分纳闷，她又回到老奶奶那里寻找答案。

老奶奶慈祥地微笑着说："她是个孤儿，她常年都在喂猪，她把喂猪的钱都给了那些年幼的孤儿和没有人赡养的老人。她脸上的伤疤，是在一次火灾中，为了救一位老奶奶被烧伤的，她那只眼睛看不见，也是因为那次大火。她是个美丽的好姑娘，全村子的人都受过她的帮助，大家都觉得她是这个世界上最美丽的姑娘。而你呢？姑娘，你长得漂亮，也仅仅是脸蛋漂亮罢了。"

公主自惭形秽，悄悄离开了这个村子，再也不和别人比美了。

女人，你总有美的那一面，而外表的美，仅仅是所有的美中最空洞的那一种。你可能没有美丽的容貌，可或许你拥有一个聪明的大脑，或许你拥有一双巧手，或许你拥有一颗善良的心，还有，你可能善解人意，你可能蕙质兰心，你可能温柔体贴，你还可能拥有一个好脾气……无论哪一方面，你总有你的美，你总有自己独特的地方。你可能觉得自己一无所有，这并不代表你真的一无所有，而是你不够自信。去挖掘吧，你肯定能找到自己美丽的那一面，因为，每个女人都是一道独特的风景。

不和别人比，只享受自己

别人穿雪纺的裙子优雅，你便也买来一条；别人涂玫瑰色的口红性感，你便也买来一支；别人穿高跟鞋霸气十足，你便也买来一双。何必呢？你可能穿牛仔裤更能显示出苗条的身材，你可能涂浅粉色的唇蜜更能显示出嘴唇的饱满，你可能穿帆布鞋更显得青春靓丽。何必羡慕别人，何必改变自己，何必去和别人比呢？

如果总是拿自己的缺点去和别人的优点比，那岂不是输得很惨？

女人，莫嫉妒、莫羡慕、莫比较，去享受自己的美好吧。

美在每个人心目中的形象都是不同的，不信你可以问问别人，自己是穿高跟鞋更美一些，还是穿运动鞋更美一些呢？

1. 常照镜子

女人喜欢镜子，镜子也喜欢女人，女人离不开镜子，镜子也离不开女人。常照镜子，可以增强自信心，你不妨拿着镜子去照一照，去发掘自己潜藏的美吧。

2. 夸赞别人

女人，总是吝啬说出赞美的语言，尤其是对于其他女人。如果你真的觉得她很美，与其嫉妒人家，自己心里难受，那么不妨赞美一下吧。因为下一次，你也会听到同样的赞美，这对增强你的自信心是有很大帮助的。

3. 发现优点，正视缺点

人总是不完美的。就算再不完美的人，也肯定会有优点存在的，你可以寻找闺蜜或者爱人，让他们说说你的优点和缺点，然后保持自己的优点，缺点则尽量改正。相信，你会是一个越来越美的女人。

去发现自己的美，去享受自己的美吧。一个优雅的女人，一个娴静的女人，不与世俗争辩这些无谓的美丑，美又怎么样，丑又怎么样，萝卜白菜各有所爱，在你眼里的丑，或许在他人眼中便是极大的美。没必要在外表的美丑上斤斤计较，因为生活美好与否，和外表的美丑没有关系，和心灵的美丑才有莫大的关系。

握得太紧，沙子便会从指间流走

握一把细沙在手心里，你越是想要把它牢牢地握住，就会越用力，当你用力的时候，沙子便会从指缝间悄悄流失，用力越大便流失得越快。其实，幸福就如同这握在手心里的细沙，抓得越紧，消逝得越快。如果真的是属于你的幸福，你无须用力，它也会静静地躺在你的手心里；如果真的是属于你的人，你无须用力，他也会静静地守在你的身边。

其实幸福就躺在你的手心

女人这一生在追求什么？幸福。女人得到幸福是一件不容易的事情，都说三条腿的蛤蟆不好找，两条腿的男人到处都有，可哪个女人不是费尽了千辛万苦，才找到那个能够和自己风雨与共、白头到老的他呢？越是不容易得到的东西，就越珍惜，也就越害怕失去。

女人说："我必须牢牢抓住我的幸福，否则，它们就会像是手中的沙子，风一吹，就散了。"于是，女人紧紧地合上手掌，用力再用力，可结果沙子还是悄悄地从指缝间逃跑了。

表面上看来，用力握紧沙子，让沙子流走，和摊开掌心，让沙子被风吹走，结果都是一样的。其实，不一样。同样的沙子放在掌心，摊开掌心的话，如果有风，沙子或许会被吹走，可无论有风没风，只要用力握紧，沙子便会流走。就算是有风的天气，你仔细看就可以发现，有的沙子已经牢牢地黏在你的手心上，风怎么吹也吹不走。

幸福与爱情，随缘便好，是你的，跑不掉，不是你的，再怎么抓也是抓不住的。

阿紫失恋了。这是她第一次恋爱，那个男人英俊潇洒，风流倜傥，都说男追女，隔层山，女追男，隔层纱，可阿紫倒追男朋友，却追了整整一年的时间，最终打动了对方，两个人才走在了一起。恋爱的时候，每次想到他，阿紫都会有笑容浮现在脸庞，而现在，每次想到他，心里都是一阵绞痛。两个人在一起半年的时间，最后，男人无法忍受阿紫，觉得她管得太紧，所以选择了分手。

是管得太紧吗？阿紫想不通，自己为他真是费尽了心思，大到一件衣服一双鞋，小到牙膏、牙刷。牙膏用哪个牌子，牙刷用哪个牌子，衣服要如何搭配，鞋子和袜子应该如何搭配，水果要什么时候吃，茶要什么时候喝，她统统帮他打理和安排好，阿紫觉得做这些很正常。当然阿紫也觉得自己有一些过分的地方，她会经常查看他的手机，他和别人出去玩，每个人的名字都要告诉她，她还要他在现场拍照片发给自己，证明他确实和这些人在一起。对于这些，阿紫也是振振有词："他太优秀了，那么多女人喜欢他，我不看得紧一点儿，说不定他哪天就会背叛我，跑了。"

失恋后的阿紫怎么也打不起精神来，吃饭吃不下，睡觉也总是做噩梦，她放不下。这天，阿紫的爸爸突然要带着阿紫去放风筝。阿紫本不想去，可经不住爸爸的盛情，就去了。天气很好，风刚刚好，放风筝再合适不过了。

阿紫和爸爸把风筝放得很高很高，爸爸忽然长叹一口气，语重心长地说："其实，男人就像是这风筝，你越是用力往回拉线，风筝就飞得越高，跑得越远。它跑得越远，你又想把它拉回来，就得越用力，最后，线断了。"

爸爸说到这儿，"咔嚓"一下把风筝线剪断了。阿紫愣住了，断了线的风筝飞走了。

"姑娘啊，记住，有时候物极必反，你越想做成一件事，这件事就越是做不成，你把心放宽了，这件事反而容易做成。是你的，它就跑不了，那风筝飞得再高，可线不是在你手里吗？"

阿紫恍然间顿悟了。她收拾好自己的心情，准备重新生活。第二天，邻居拿过来一个风筝："阿紫，昨天见你们去放风筝了，好像就是这一个，你看看是不是？"

阿紫接过风筝，果然是自己和爸爸放的风筝，阿紫谢过邻居，却发现风筝上写着两个小字：幸福。阿紫看着自己的父亲，两个人相视一笑。

是你的，就算是百转千回，它也会回到你手中的。

让幸福跟随你的脚步

男人就像是一匹野马，当他们遇到值得爱的女人，甘愿被驯服，可是野马毕竟是野马，天生注定的野性让他们总想看看外面的世界，除非脱胎换骨，否则真的很难改掉他们的野性。如果有谁挑战了他们的底线，他们便挣脱马缰，重新回到属于自己的地方。

所以，一个女人，想要获得幸福，获得爱情，就不要总是勒紧马缰。真正爱你的那匹野马，它就是跑得再远，也还是会回到你身边的，不要执着于它是不是时时刻刻在你身边，更不要计较它偶尔脱缰去了哪里，是你的，它不会跑开的。

无论幸福还是爱情，都是可遇不可求的。我们越是珍惜，就越应该学会放手。

他和别的女人发了短信，可能是普通好友之间的问候，也可能是工作上的来往，就算真的有女人爱上了他，你也不必着急动气。有人喜欢自己的老公，那说明自己的老公有魅力，这不更好吗？他喜欢什么衣服鞋子，就去穿好了，你可以给他建议，但不能强制，要是有人告诉你，短裤配丝袜就是时尚，你必须穿，恐怕你也受不了。所以，没必要纠缠于他每天和谁通了电话，又穿了什么衣服。

不要追随幸福的脚步，要让幸福追随你的脚步。你若懂得生活，懂得收放自如，幸福必定天天跟在你的身后。

安静的时候，学点儿小厨艺吧

不知道从何时起，便有这样的说法，想要留住男人的心，先要留住男人的胃。时光流转到今日，这句话也是再恰当不过的。然而，学一些厨艺，不仅是为了男人，更是为了自己，为了整个家庭。一个家庭的温暖，无法靠装饰获得，无法靠整洁获得，却唯独可以依靠可口的饭菜获得。正所谓，世界上最美味的东西在家里。当你安静的时候，当你闲下来的时候，学点儿小厨艺吧。

忘不了的是你的味道

一个娴静的女人，在美好的岁月里，就像是摆在墙上的画，挂上去一天、两天、一星期、一个月，起初让人觉得优雅有品位，看久了，也就那么回事了。一个女人，再美丽、再优雅、再娴静，时间久了，男人也就习惯了。如果你也是这样一个娴静的女人，无事可做的时候，那就不妨学习一些小厨艺，为自己增添一丝生活的乐趣，也让家庭多一份温暖，让爱人多一点幸福。

一个女人一定要有一点儿独特的地方，让人记得住，忘不了。如果你也想有这样独特的地方，不妨试一试学点厨艺。一个人，可以不听音乐，可以不画画，可以不运动，可以不上网，却唯独不能不吃饭。如果他能记住你亲手做的可口的饭菜，那他便再也忘不掉你，那是爱的味道，也是你独特的味道。

安静的客厅里没有一点儿声音，男人和女人分坐在沙发的两边，茶几上是一纸离婚协议书。男人有钱，也有情，夫妻一场，他总不至于亏了女

人，50万，还有这套房子，算是给女人的补偿。好聚好散，女人什么都没说，或许是因为这件事来得太突然了，她还没有做好准备，也或许她认命了。

刚刚嫁给他的时候，他还只是北漂一族，在工地上给人打工，没房没车没存款，可她义无反顾地嫁给了他。婚后，他的命运发生了转变，他有了钱，买了房子，也有了车，然而，人却变了。人老珠黄的她多少让他在人前抬不起头来，他有了新欢，开始夜夜晚归，然后新欢逼婚，他也觉得是时候向妻子坦白了。

两个人一句话都没有说，男人拿着简单的行李走了，门关上的那一刻，女人淌下了泪水。

男人搬到了自己的新家里，这里还有他的新欢，年轻貌美，谁看了都心动。一日，男人从噩梦中惊醒，胃一阵绞痛，新欢也醒来，赶紧询问他怎么回事。男人只说自己胃痛，休息一会儿就好了。第二天，新欢买来了早点，男人还是有些胃痛吃不下，他想起了前妻亲手熬的小米粥，里面有细细的肉末和菜丁，香喷喷的，吃到肚子里很舒服。

其实，男人很早就已经开始想前妻了，想前妻包的饺子、熬的粥、炖的排骨、炒的小菜。男人对新欢说自己想吃饺子了，新欢一愣，没说什么。晚上，男人见到了饺子，只不过是超市里卖的速冻水饺。吃着饺子，男人泪水纵横。是啊，当年他还是一个工地上打工的小子时，她每天都陪在他身边，给他做好吃的。有一天，她端来好大一盆饺子，还分给了工地上的兄弟。晚上，他想搂着她亲热一番的时候，她却挣扎着要逃离，她的手因为擀了太多面，早已经红肿起来，碰不得、摸不得。那个时候，他下决心一定要让女人过上好日子。可是……

过了几天，男人把所有的事情都告诉了新欢，他给了她钱和房子，她原本就是靠脸蛋吃饭的，就没想过哪个男人可以给自己一生的安定，新欢放他走了。男人匆匆赶到家里，他要对女人说他错了，可是，家里打扫得干干净净，像是好久都没有人住过的样子。男人多方打听后才知道，他走以后，女人就回了老家。

男人立即买了车票，就是天涯海角，他也要把她找回来，今生，他忘不了的是她的味道，没有这种味道，他会痛不欲生。

同样的食材，同样的做法，不同的人也会做出不同的味道。男人忘不掉的是那个独一无二的女人为自己做出的独一无二的味道，所以，娴静优雅的你不妨在空闲的时候去学一点儿小厨艺，让他记住你的味道，记住那个独一无二的你。

煎炒烹炸，总有一样适合你

女人总是觉得做饭是一件痛苦的事情，其实，想想看，当劳累了一天的男人，脱掉外套，嗅着香气来到餐桌，美美地吃下你做的饭菜时，你微笑着满足地看着他，那是何等的幸福啊！菜肴，讲究色香味俱全，现代的女人色香俱全，唯独缺了那么点儿味道，何不给自己加上这点儿味道呢？

学一点儿厨艺，不仅为了男人，更为了家庭和自己。厨艺、厨艺，厨房的艺术，烹饪不仅仅是为了填饱肚子，更是为了一种艺术的享受，当你把它当作一种生活的享受时，也就不会觉得那么枯燥无味了。同时，学一点儿厨艺，也可以成为你和闺蜜畅谈交流的话题，给生活多一点儿情趣。学厨艺的好处，只有当你真正学习的时候才能体会得到。

1. 自学成才

学厨艺，看菜谱，自己研究就好了。没必要像大厨那样报学习班，平时多看看美食节目，多看看关于美食的书，加上自己独特的想法，便可以做出自己独特的味道了。

2. 做甜品和饮品

甜品和饮品越来越时尚，如果你真的讨厌油烟、讨厌做菜，那么不妨试着做一些甜品和饮品。甜品既美观又美味，给人以美的享受，而饮品则绿色又健康，品种多变，一定会给家人带去一份惊喜。

3. 有一两道拿手的好菜

做菜不求全，只求精。你没必要非得像饭店的一级厨师那样，什么样的菜都会做，其实就算是饭店的厨师，也会有自己独特的一两道招牌菜。研究两个

特别的菜，作为自己的招牌。或许哪天，你的爱人便会哀求你，做一次给他吃噢。

一个懂厨艺的女人才是真正完整的女人，这是上天赐予女人的天赋，就算是再忙，也不要丢掉这种天赋。聪明的女人，会从厨房里得到幸福，而愚蠢的女人，只能从厨房里得到油烟。

第四章

君子兰，独立中散发光彩

君子谦谦，温和有礼，有才而不骄，得志而不傲，居于谷而不自卑。它们是君子兰，花中的君子，它们的叶片，挺拔而厚实，如一把把剑直冲云霄，那是一种刚毅，更是一种威武不屈；它们的花朵，艳丽多彩，姿态万千。就是那么独立，就是那么独具风采，这就是君子兰。女人，应当如君子兰般，像一个谦谦君子那样，拥有高尚的品格，拥有独立的人格，拥有独一无二的优雅，想要什么，那就去争取什么，家庭也好，事业也罢，只求自己能安稳于世，一切都只靠自己去争取。女人，学习君子兰，哪怕孤身一人，也能散发异样的光彩。

笑看人生，一个人其实也很好

有人说，一个人来到这个世界上，就是为了寻找另外一个人，相知相守，共度此生。于是，许多人便开始在这茫茫世界寻找自己的另一半。寻寻觅觅，寻寻觅觅，却总也无法找到自己的那个他，于是自怨自艾，觉得孤独，觉得彷徨，觉得寂寞难耐。其实，一个人也很好，爱情是缘分使然，越是强求，越是难以得到，何不慢慢等待自己的那个他呢？

一个人，一种境界

佛曰："一花一世界，一木一浮生，一草一天堂，一叶一如来，一砂一极乐，一方一净土，一笑一尘缘，一念一清静。"那么一个人呢？两个人是一种生活，一个人也是一种境界。

有人总是羡慕别人，能够两个人一起执手看夕阳，相拥漫步海滩，能够相濡以沫，相扶到老。可是，人的眼睛并不是千里眼，能够看到所有的方方面面。你看得到他们人前的浪漫，却看不到他们人后的争吵；你看得到他们人前的说说笑笑，却看不到他们人后的冷战爆发；你看得到他们人前的彼此关怀，却看不到他们人后的冷漠置之。

两个人有两个人的快乐和浪漫，一个人有一个人的清静和悠闲；两个人有两个人的争吵和烦恼，一个人有一个人的安宁和境界。

都说婚姻如围城，外面的人想进去，里面的人却想出来。其实，生活中，何处不是围城呢？就说一份高薪职业，没有拥有这份职业的人，做梦都想进入这个行业挣大钱，过上光鲜的生活，而拥有这份职业的人，却做梦都想离开这个行业，因为太费脑筋，太损健康了。

人们总是觉得拥有的就如同垃圾，可以随便丢弃，而得不到的就如同珍宝，珍贵无比。于是，很多人开始努力，开始奋斗，开始追逐自己得不到的东西，有些人得到了，有些人没有得到。何不去问问那些得到过的人，他们觉得当初视作珍宝的东西真的那么珍贵吗？答案往往是否定的。

爱情亦是如此，你辛辛苦苦追逐爱情，或许当你努力得到了，却又想要逃离。爱情需要缘分，是你的，总不会跑，不是你的，再怎么求也还是求不来，就算是短暂拥有，也只是徒增悲哀罢了。笑着面对自己的人生，笑着面对自己的爱情，总有一天你一定能寻找到自己的那份爱情。

她是个很一般的女人，相貌不是很出众，身材也很普通，但是，却有一种气质从她的身上由内而外地散发出来，叫人欲罢不能。30岁，该有的她都有了，一份稳定的收入、一套房子、一辆车、三五知己好友，却唯独缺少一个身边人。她身边的那些闺蜜好友陆陆续续结婚了，那些没对象的好友则像是无头苍蝇一样到处乱窜，托亲戚、找朋友，帮自己安排相亲。唯独她丝毫不着急，连家里人都已经替她着急了，亲戚朋友也都想帮忙给她安排相亲。

她总是莞尔一笑："不急。"不急？这句话说给谁听都似乎是托词，30岁了，别人都急了，为何就她不急？她的生活看似悠闲懒散，实则充实有情调。每天早上，她都会先做半小时的瑜伽，然后为自己准备早餐，随后才会去工作；下班后她并不着急回家，而是找一家书屋看看书，等到肚子饿了再准备食材回家做饭；晚饭过后，她会进行日常的皮肤保养，然后看书、弹琴。周末的时候，她为自己报了一个外语班、一个古筝班、一个绘画班。她会说一口流利的外语，弹得一手好琴，画也画得十分精巧。她平时还喜欢研究烹饪，经常独创一些好吃好看的菜出来，偶尔闲下来，她还会做一些手工，家中许多的装饰品都出自她之手。除此之外，她还学会了理财，把自己的所有财产都打理得安全妥帖。

当闺蜜问她为何不急的时候，她总是笑笑："着急又有什么用，我现在不是过得挺好的吗？"

当闺蜜再问她是不是不相信爱情的时候，她又是笑了笑："正是因为

我相信爱情，所以我才愿意等待属于我的爱情。”

是啊，一个人也很好，为何要羡慕别人呢？他们或许有他们的快乐，可那又与你何干？你也有自己的充实和快乐，自己独特的品位。

一个人，应该有一个人的境界，当你达到了这种境界，无论单身，还是恋爱，你都会是世界上最幸福的那个人。

做一个优雅的单身贵族

一个女人，应该是优雅的，一个单身的女人，更应该是一个单身的贵族。

有些人认为那些到了年纪还不着急结婚的女人都是装出来的，非也。其实，她们是在优雅地等待，等待自己的那一树花开。她们喜欢笑对自己的人生，既来之则安之，她们喜欢优雅从容地面对自己的生活，她们微笑着告诉自己：“有那个人，我会过得好，没有那个人，我更应该过得好。”

她们才是优雅的单身贵族，她们这样生活：

1. 充实自己的生活

生活是需要装饰的，你越是装点它，它就越是让你过得舒心，过得开心。一个生活充实的女人，是不会因为一个人的状态而感到空虚和寂寞的。当没有人陪你度过浪漫或者平淡的时光时，你就学着去装饰自己的生活吧。

2. 交朋友

朋友是这个世界上唯一不可以缺少的财富。一个人的时候，是交朋友的最佳时段，何不好好利用，多交一些益友呢？一个人就算是用事情填满了所有的时间和空间，也难免会在深夜来临的时候，感到寂寞，这个时候，朋友自然有他们存在的意义。所以，多交一些朋友吧。

3. 学会拒绝，也学会点头

相亲是这个时代再次复兴出来的词汇。有些女人为了解决婚姻大事而盲目相亲，有些女人则完全拒绝相亲。在这个问题上，要把握好分寸。不要随便答应去赴别人安排的相亲，哪怕对方的理由是“就当多认识一个朋友”。但是，也不要完全拒绝相亲，因为或许生命中的另一半就在相亲的饭桌上，说不定他就是那个“他”呢！

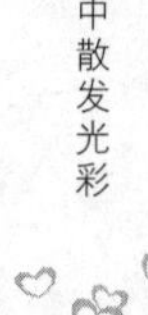

依赖别人，不如依赖自己

从古至今，女人在这个世界上的地位总是位于男人之后。男人拥有强大的力量，象征着威严、权力，而女人力量娇小，象征着柔弱、不堪一击。人们在潜意识中，总是认为男人是女人的避风港，是女人的保护伞，而女人依附男人才能生活。在许多女人的思想中，也认为这是无比正确的。可是，依赖别人才能生活，这种感觉真的好吗？

美丽而柔弱的牵牛花

传说中，上帝创造了亚当，亚当一个人生活在这个世界上，十分孤单和寂寞，上帝为了让亚当能够活得开心一点，便趁着亚当睡着的时候，从他的身体里取了一根肋骨，将这根肋骨变成了一个女人，也就是夏娃。因此，从生命之初，女人就是没有地位的，女人是男人的附属品，要依赖和攀附男人生活，而从制造夏娃的过程来看，女人也应该是为男人而活着的。

可传说终究是传说，人类的历史既然已经发展到了男女平等的今天，就不应该再活在过去的传说中。

想必大家都知道一种叫作牵牛花的植物，它的花朵像一个喇叭那样。牵牛花有一个特点，它的枝蔓一定要依附在别的植物上面，它会缠绕着这些依附物不断向上爬，让别人一眼就能看见自己美丽的花朵。在杂草丛中，它会汲取杂草的养分，抢夺杂草的阳光，它只能靠侵略杂草的领地生活。可是，一旦依附物被狂风吹断，它们也将从高处跌落下来，变得花残叶败。一旦杂草被除掉，它们也将付出生命的代价。

柔弱的女人，如果依附于别人生活，也像这牵牛花一样，一旦失去了依靠，自己也将付出血的代价，这是多么的悲哀！

不是所有的牵牛花都依附于其他植物身上的。你有没有见过盛开在地上的牵牛花，它们不攀附于任何植物，只是在地上匍匐前进，虽然不像在高高的枝头那样，一眼就能被人看见，可是它们的花朵，一朵朵、一簇簇盛开在地上，盛开在绿色的枝叶中，也别有一番韵味。

牵牛花如此，女人亦如此。与其依赖别人生活，不如依赖自己生活。

她，拥有其他女人艳羡的美貌和身材，做得一手好菜，温柔体贴，善解人意。还是个懵懂少女的时候，她就想嫁给一个优秀的男人，他主外，她主内，两个人相守到白头。27岁的时候，她的梦想实现了。男人的确年轻有为，是一家公司的总经理，车子、房子、票子什么都不缺。两个人结婚之后，男人握着女人的手说："你什么都不用做，只需要做一个女主人，好好享受生活。"男人的话让女人心动。他主外，她主内，这在很多人看来是最自然不过的事情。

只是她太依赖男人了，去逛街，哪怕男人有业务，她也要在商场等待男人来接自己回家；家里有蟑螂，她也要给男人打电话，哪怕他刚刚离开家半个小时；他怕她在家闷得慌，叫她去旅行，她说要去就一起去，她一个人人生地不熟的会害怕；他叫她出去和姐妹们喝喝咖啡聊聊天，她说要他陪，她一个人出去会没意思；他要出差，她一定要跟着他一同前往，她说没有他，她会睡不着的。当然，她不是一无用处的，她为男人洗衣服、做饭、收拾房间，把家里总是收拾得井井有条、干干净净。就在她以为她的生活会一直这样走下去的时候，男人提出了离婚。

她哭过，她闹过，可是男人心意已决。他顾念旧情给了她一大笔钱，临走的时候，女人问男人："你不是说要我做好一个女主人，好好享受生活的吗？"男人面色冷峻："一个家有男主人和女主人，两个人共同生活，却是独立存在的，如果女主人太依赖男主人，那就变成了女仆人或者女情人。"

她流着泪离开，当她走在街上的时候，悲哀地发现，自己竟然不会一个人生活。

男人的话说得很对，一个家庭需要一个男主人和一个女主人，两个人

共同维系这个家庭，一起生活，却是两个独立的个体，如果一个人依赖另一个人才能存活下去，那么她就成了附属品，更像一个仆人或者情人。

女人可以依赖男人，但是一旦离开男人，也要拥有可以继续生活在这个社会上的能力。因为，只有有生存能力，才是一个独立自主的女人，一个有魅力的女人。

世界上最靠得住的那个人是自己

很多女人，总想要找一个金龟婿嫁了，下半辈子吃喝不愁，可以悠闲地度过自己的一生，可是，哪个女人依赖男人生活最后得到了一个好下场呢？

生活在物欲横流的时代，爱情成为了消费品，很多人以为拥有钱就拥有了爱情，可是，钱可以买到婚姻，却买不到爱情，婚姻和爱情是两码事。当然，钱可以买到婚姻，却也可以卖掉婚姻。你原本以为可以依靠一辈子的男人，说不定哪天就成为别的女人的避风港。

作为一个女人，一定要记住，世界上最靠得住的那个人是自己。

1. 拥有生存的技能

你可以没有工作，但你一定要有工作的能力。生活的前提是生存，就算哪天那个人靠不住了，你还可以依靠自己继续生活下去。

2. 不要觉得自己是个例外

很多女人总觉得别人的男人或许靠不住，但是自己的男人是个例外。世界上没有那么多例外，谁都觉得自己是个例外。或许你真的是个例外，但是也千万要给自己留一条后路。

比起亲密，美更需要距离

想必许多人都听说过一句话："距离产生美。"这句话流传了千万年，血气方刚的少年可从不相信这句话的魔力，当他们坠入爱河，便想着天天黏在一起、腻在一起，可时间久了，就会厌烦，就会感到乏味，慢慢地就会淡忘对方身上曾令自己迷恋的美。而那些爱情长久的恋人，或是相濡以沫的老夫老妻，更能体会这句话的含义。两个人在一起，亲密固然重要，可距离也同样重要。

会飞的纸鹤承载着爱

关于"距离产生美"，很多人都知道这是一句谚语，用在人与人交往上面十分受用，可它却来源于美学。在美学中，"距离产生美"是一个十分著名的命题。这里的"美"是大自然的美，是社会的美，是艺术的美，也可以说是真正意义上的实质性的美。之所以会说距离产生美，是因为只有保持一定的距离，才能欣赏到美，距离太近，便会影响到美的真正效果。

从美学到爱情，这句话同样适用。两个人在过分亲密的时候，可能起初会觉得很美好，可时间久了，人是会产生审美疲劳的，这个时候，哪怕是对方的优点，在自己的眼中也会产生瑕疵，而原本的缺点更会被无限地放大。

这就好比观赏一朵花，当远远地观看时，它美丽多姿，在风中摇曳着自己曼妙的身姿，给人以美的感受；而当走近它，想要彻彻底底观察时，却发现它的花蕊处有一块黑斑，有一片花瓣竟缺损了一块，而原本最吸引自己的风姿，在近距离观察时，也变得没有那么美了。

对于人来说，也是如此。

他们是异地恋，也许是老天爷的故意戏弄，也许是缘分还未到来，他们忍受着身处异地的煎熬，用电话和网络互相倾诉相思之苦。男人说将来在一起，就是一天见她千万次也不会厌烦，说千万句话也不会厌倦；女人说，那好，将来在一起了，天天让他见千万次，说千万句话。异地恋是很辛苦的，每当想念男人的时候，女人就会叠一只小纸鹤，她总对男人说这只小纸鹤会带着自己的思念来到男人身边。

整整三年，他们见过的次数屈指可数。三年之后，老天爷终于结束了对他们的惩罚，属于他们的缘分也终于到了，他们幸福地步入了婚姻的殿堂。婚后，他们生活得很幸福。或许是因为三年的异地恋太痛苦了，女人总是想尽一切办法弥补，恨不得真的每天让他见千万次，每天跟他说千万句话。白天两个人都有工作，可是，一有机会，女人便发自拍照给男人看，工作的空闲还会打开视频，两个人一边工作一边看着对方。忙的时候，女人也会发送语音消息给男人。起初，男人和女人一样，也会回复女人的消息，看到女人发来的照片还会简单点评一下。

可是，男人是家里的支柱，他的压力是女人不能体会的，繁忙的工作让他无心理会女人发来的照片，无心理会女人发来的语音消息，更是会拒绝女人的视频邀请。回到家里，女人开始同他争吵："你不是说见我千万次也不会烦吗？你不是说听我说千万句也不会腻吗？为什么不回复我，还拒绝了我的视频邀请，你是不是不爱我了？你是不是烦我了？"最开始的时候，男人会自责，他会轻声哄女人开心，会轻轻把女人搂在怀里，说自己工作忙。可到了后来，他真的腻了、烦了，他觉得女人不理解自己，根本就是无理取闹。于是，他们开始争吵。最后，他们一起说出了："离婚。"

那天晚上，他们分房睡，一夜未眠。第二天，女人在男人的桌子上发现了一只小纸鹤，上面写着："当年，会飞的小纸鹤承载着爱的距离，现在没有了距离，还需要它吗？"

女人幡然醒悟，她拿着纸鹤飞快地出了家门，她要告诉男人，她需要会飞的小纸鹤，她要小纸鹤继续承载他们的爱，因为爱需要距离。

爱，需要距离。女人没有距离的爱对男人来说是一种压力，压得他喘不过气来，让他想要逃离。如果爱他，那就创造一点距离，让他在这个距离里去观赏你的美，去爱着你的美，也让自己在这个距离里，自由地呼吸和爱自己。

女人，是一个独立的女人

一个优雅的女人，应该是一个独立的女人，男人在的时候，和男人相亲相爱，男人不在的时候，有属于自己的生活。

虽然，两个人在一起生活，可是真的没有必要一切都为他而活，当你围着他团团转的时候，他已经欣赏不到你的美了，你的缺点在他的眼中被无限放大，你的优点在他的眼中被无限缩小，甚至是被磨灭，爱情也就在这毫无缝隙中慢慢地被磨灭殆尽。

想必，任何人都不希望看到这样的结局吧。曾经相爱的两个人，能够从相遇到相知，从相知到相守，真的不容易，不要因为过分“亲密”而亲手将爱情葬于悬崖。爱情需要维护，而距离是维护爱情的最好魔法。

1. 你是一个独立的女人

做一个独立的女人，意味着能够独立地生活。当他不在的时候，应该学会充实自己的生活，这个时候的生活与他无关，你活在自己的世界，享受一个人的精彩。这样的你，给他足够的空间和时间，他会感激你，也会欣赏如此独立的你。

2. 没有距离，那就创造距离

当你觉得两个人在一起有些索然无味，偶尔会莫名其妙发脾气，而他也偶尔会对你不理不睬，是时候该创造一些距离了。和闺蜜出去旅行，回娘家度过几天悠闲的日子，抑或出差工作。都说小别胜新婚，这个法则在什么时候都不会失效的。

爱他，就请独立起来；爱他，就请优雅起来。

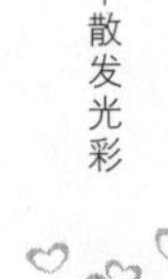

安排好自己的生活，从容面对每一天

小时候，小学老师告诉我们，要学会安排好自己的作业，不要拖拖拉拉，一直做不完；慢慢长大，大学老师告诉我们，要学会安排好自己的学业，不要东玩西玩，让青春蹉跎。当我们慢慢成熟，已经没有人再告诉我们要好好安排我们的生活。有些人总觉得时间太快，什么都来不及做，有些人总觉得每天有太多的事情要做，慌慌张张，却一无所获。其实，如果好好安排自己的生活，你也可以从容地面对人生。

人生需要规划，生活需要计划

男人要规划自己的事业，规划自己的人生，那么，女人呢？难道就只是散漫地生活，没有追求，没有信仰，甚至无事可做吗？不，当然不是，女人，同样需要规划自己的人生，计划自己的生活。

一个小时对于我们来说，恐怕不算什么，看一部电影都看不完，而对于那些生命垂危的人来说却是那么珍贵；一分钟对于我们来说，恐怕不算什么，登陆QQ都聊不了几句话，而对于赶飞机的人来说，晚一分钟恐怕就要多等几个小时；一秒钟对于我们来说，恐怕不算什么，什么都做不了，而对于田径运动员来说，恐怕慢一秒，就只能屈居第二了。时间就如同沙子，总是会在不知不觉中，从我们的指缝间悄悄溜走。时间不等人，岁月催人老。如果真的只是这样闲散地生活，少女很快便变成了老太婆，谁都没有睡美人的本领，能够沉睡千年，依然保持少女的容貌，依然有王子深爱。所以，趁着年轻，还是多做一点儿事情，多做一些规划吧。

曼曼是一个做事十分拖拉的女孩子，从小学到大学，她的每一份作业都需要别人催促她去完成，小的时候是家长催，长大了是自己的室友催。现在的她28岁，拥有一份文员的工作，吃喝不愁，可是她却总也开心不起来。她有时候觉得自己很忙，忙得不可开交，却总是有许多非完成不可的工作落下了。有时候又觉得自己很闲，总想找点儿事情做，却总也找不到值得做的事情。

年纪不小了，曼曼也想找个人嫁了。亲戚朋友安排她相亲，她给人的第一印象都很好，可是接触没几天，曼曼就被人甩了。别人都说曼曼的生活一塌糊涂，连她自己都搞不清楚自己应该做什么，什么时候应该做什么事，而且她无事可做的时候太多了，好像除了看电影、睡觉，她都不知道做什么。曼曼也十分烦恼，她的表姐看到她这个样子给了她一本书，这本书名叫《时间整理术》。曼曼才读了几页便被书里的内容吸引住了，她找到了自己生活杂乱的原因，那就是没有规划。曼曼领悟到，虽然说生活中没有必要把每分钟要做的事情罗列出来，但是，也是需要一定的计划的。小到每一天，大到每个季度、每一年，甚至是整个人生。

曼曼开始按照书中介绍的内容，整理自己的时间，计划自己的生活。她为自己准备了一个笔记本，把每天需要做的事情罗列出来，晚上的时候进行整理和总结，看看自己的哪一块时间可以再次利用，哪一块时间没有分配好。一段时间下来，曼曼不再觉得生活无聊了，她把自己的周末也塞得满满的，有英语班，还有瑜伽课。曼曼不再像以前那样总是慌慌张张、手忙脚乱了，更不会趴在桌子上发呆发愣，不知道要做些什么了。她的生活开始变得阳光灿烂，她也能从容地面对自己的每一天了。

这本书里有这样一句话："你找到的不仅是时间，更是一种生活的态度。"

是啊，其实，我们珍惜时间为的是什么？还不是为了生活。既然想要生活得更好，那就要去规划得更好。从生活到人生，相信没有什么是规划不好的。当你规划好自己的生活就会发现，你也可以淡定从容地面对自己的生活，面对自己的人生。

生活，从容地走过

我们来到这个世界，是为了享受生活，不是受生活的折磨，不是挨生活的痛苦。

也许有人会笑，人生在世，谁没有因为生活而感到痛苦，谁没有在忍受生活的折磨呢？其实，当你真正规划好自己的生活，能够从容微笑地面对自己的生活时，你就会发现，自己真的是在享受生活。

生活，我们需要从容地走过，不急不躁，不悲不恼，没有慌张，没有急迫，有的只是微笑和淡定。

如何能从容地面对生活？有以下的建议要送给优雅的你。

1. 规划有度，张弛有度

任何事情都需要有一个度，太拘泥于自己的计划，那就是刻板。如果有十万火急的事情出现，难道也不改变自己的计划吗？所以，虽然说要珍惜时间，但是没必要把自己的每一分每一秒都规划得清清楚楚，否则生活就像是完成作业一样，失去了它原本的韵味。

2. 留一点空闲的时间给自己

生活需要休闲，在自己的计划中，还是留一点空闲的时间给自己吧，可能是一两个小时，有可能是一整个下午，让自己睡个满足的午觉，吃着点心看看电影，学习一道菜的制作，抑或听听音乐、看看书。生活不能缺少这样自由的时间，否则也会让人感到疲惫的。

3. 做好迎接变化的准备

生活最精彩的地方就在于它的未知性，你不知道什么时候就有一个惊喜出现，你更不知道什么时候又会出现一个晴天霹雳。生活时刻在变化，而我们的计划似乎总也赶不上变化。所以，在规划自己的生活时，一定要为自己留好余地，做好迎接一切变化的准备。

在这个快节奏的时代，只要将自己的生活好好规划，无论遇到什么事都能淡定地处理，相信从容的生活也就离我们不远了。

优雅，要先优才能雅

有人说优雅是优美雅致，也有人说优雅是优秀高雅，还有人说优雅是优质典雅。想要成为一个优雅的女人，首先要让自己成为一个优秀的女人，有着优质的生活，才真正可以做到雅致、高雅、典雅。正所谓，优雅，先优才能雅。

一个优秀女人的优质生活

一个优秀的女人，无论单身还是已婚，抑或处于恋爱中，都会是一个幸福的女人。因为她们懂得经营自己的生活，懂得让自己活得更舒心、更安心。

或许，你会问，什么样的女人才是优秀的女人呢？什么样的生活才算是优质的生活呢？

其实，一个优秀的女人没有太刻板的定义，她并不一定是力挽狂澜、呼风唤雨的女强人，也不一定是深居闺房、不闻窗外事的大家闺秀。一个女强人，可以买跑车、买豪宅，倘若她做的生意违背良心，她也不能称之为一个优秀的女人。一个大家闺秀，弹得一手好琴，写得一手好字，倘若没有能力靠双手养活自己，她也不能称之为一个优秀的女人。一个优秀的女人，应当有一份能够养活自己的工作，有一个收拾得干净舒适的家，有优雅的谈吐，有落落大方的言谈举止，最重要的是拥有一个好的心态，即便是身处逆境，也能安抚自己，也会对生活充满信心。

优质的生活，并不一定是富贵的生活，住豪宅、开跑车、买奢侈品，这不是优质的生活，这是奢侈的生活。优质的生活并没有一个明确的定义，只要过得开心，过得满足，每天都能微笑地面对生活，这便是一种优质的生活。

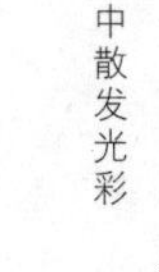

想要成为优雅的女人，先要让自己成为优秀的女人，优秀的女人无论走到哪里，都不会失去自己的风度。男人，总是欣赏那些独立优秀的女人，即便不是为了他人的目光，仅为了自己过得舒心，也应该让自己成为优秀的女人。

生活，需要品质

那么，一个优秀女人的优质生活应该有哪些注意点呢？

一个女人，无论单身还是已婚，一定要买适合自己的衣服和饰物，适合自己的才是最好的，再贵的如果不适合，买来也只能当摆设。所以，不要去羡慕别人的服饰，她们的，并不一定适合你。

一个女人，如果真心喜欢一样东西的话，那就买下来吧，哪怕是一块名贵的手表，哪怕是一件大牌的衣服，哪怕是一款进口的包包。如果实在没钱买，那就努力赚钱去买，努力赚钱去买自己想要的东西，同时也会获得一种成就感。但是，不要允许自己挥霍无度，更不要允许自己去炫耀，否则，得到的是东西，失去的便是自己纯净的心灵了。

一个女人，要有一个精致的化妆箱，可以不喜欢化妆，但是，一定要会化适合自己的妆容。如果不会，那就去学吧，这个过程会让你怦然心动的。

一个女人，要有一些好习惯，可以习惯早睡，可以习惯喝茶，可以习惯清晨做早操。好习惯是会给你惊喜的，你每天存储一点儿，到了年终，那便是充满surprise的年终奖。

一个女人，应该学一点儿舞蹈，也许是优雅的芭蕾，也许是性感的拉丁，也许是异域风情的肚皮舞，学什么，看你的喜好。你或许是一个美貌的女人，可是，岁月催人老，美貌总会在岁月中慢慢消失的，而气质却从来不会。

一个女人，要将自己睡觉的地方安排得舒心。一张柔软的大床，一套优质的床上用品，一个小巧的床头柜，床头柜上要放着自己喜爱的书，偶尔翻看一下，随时为自己的生活增添色彩。

一个女人，可以在任何地方省钱，唯独不可以在内衣上省钱。买好的内衣，这是女人对自己的疼爱，这种疼爱是任何人都给不了的，唯独自己可以给自己。

一个女人，可以喜欢球鞋，但是不可能一辈子都只穿球鞋，买适合自己身高的高跟鞋，学会用高跟鞋搭配自己的衣服。但是，不要忘了，要为自己准备休闲鞋，脚也是需要放松的。

一个女人，当烦恼的事情多的时候，难免失眠。记住，在失眠的时候，不要喝酒，更不要吃安眠药，要学会用熏香，不仅可以帮助睡眠，还可以增加生活的情调。

一个女人，衣柜里衣服不能少，最起码在各个场合的衣服都要有一套，尤其是一套性感得体的晚礼服。

一个女人，要有生活的情趣，会制作自己喜欢的甜点，也会调制一杯自己喜欢的饮品。在浪漫的下午茶时光里，充分去享受生活。

一个女人，应该喜欢读书，读自己喜欢的书，读对自己有益的书。女人，别人可以不称赞你的美貌，但绝对不可以说你无知。

一个女人，可以拥有披肩的长发，也可以拥有简约的短发，但是，要记住时刻打理它们。乱糟糟的头发，不仅影响自己的心情，也会影响别人对自己的看法。

一个女人，要保护好自己的双手，以及自己的指甲，因为手是女人的第二张脸。光洁修长的双手，总是能让人心情愉悦的。

一个女人，应该有一个属于自己的首饰盒，精致的首饰盒里装着自己喜爱的首饰，或许不是名贵的，或许只有寥寥几件，但是每当看到它们，你的嘴角总是会有一抹微笑。

一个女人，可以为了美好的身材去减肥，但是偶尔也需要“放纵”自己的胃，偶尔的“放纵”，可以让自己的心情大好。

一个女人，要拥有几个知心的闺蜜，偶尔离开男人，和闺蜜们去购物、喝茶，聊聊姐妹间的私房话，让友情升温，让爱情透透气吧。

一个女人，要有一个好的心态，爱生活，爱自己，这是做一个优质女人的前提。

亲爱的，上路吧，去寻找那个优秀的你，去过上你想要的优质的生活吧，相信，那是你喜欢的自己，那也是你喜欢的生活。

左手事业，右手家庭

对于很多男人来说，事业成功似乎是一生的追求，照顾家庭的责任，他们顺理成章地推给了女人。那么，女人难道就只是男人的附属品，要甘心围着老公和家庭打转，做个男人立业背后的好太太吗？不，当然不是。有一颗事业心，这样的女人独立，因为独立，所以充满魅力；有一颗家庭心，这样的女人贤惠，因为贤惠，所以充满幸福感。做一个快乐而平衡的女人，左手事业，右手家庭，这样的女人，才是最完整的女人。

左手与右手

男人的右手写着事业，左手写着家庭。而女人，左手写着事业，右手却写着家庭。

女人的右手写着家庭。一个幸福美满的家庭和一个勤劳贤惠的女人是分不开的。家庭中的女人，是一个坠落人间的天使。从那个娇生惯养的孩子，到那个少不更事的少女，再到一个家庭的女主人，生活似乎经历了从天堂到人间的蜕变。曾经，衣来伸手饭来张口的逍遥自在已经不复存在，如今，要担负起别人的伸手与张口，负责别人的衣食和住行。

对于一个女人来说，这样的蜕变不是偶然，而是必然。上天就是这样安排的，我们可以改变自己的命运，却无法去更改上天的安排，几千年来，都是如此，不必烦恼，更不要怨天尤人，改变不了这种事实，但我们可以改变自己的心态。家庭，离不开女人，女人更不离开家庭。美满的家庭需要女人的打理，而一个女人的幸福，也恰恰来自一个美满的家庭。

女人的左手写着事业。一个女人，生活在这个世界上，一定要有一份属于自己的工作，哪怕这份工作挣的钱不多，哪怕这份工作简单平凡。一个没有工作的女人，将自己的全身心都放在家庭上面，即便是每天都将家里收拾得一尘不染，将饭菜做得格外喷香，她的人生也是不完整的。女人会觉得生活空虚，因为对于她来说，全世界就是四四方方的家，生活就是洗衣做饭、照顾老公和孩子。这样的生活太过于乏味，也太过于单调了。倘若家人理解，说女人这是无私奉献也就罢了，可倘若不理解呢？那她便成了一个寄生虫，不会挣钱不会养家的可怜虫。

女人的事业并不一定是多么伟大的事业，只要稳定，只要可以养活自己就够了。女人应该有属于自己的生活，做自己喜欢的工作。

左手事业，右手家庭。一个女人肩膀上承担的责任并不比男人轻，女人，不要看低自己，因为女人，生来便是伟大的。

平衡的翅膀

女人有一颗强大的事业心，或许是因为从小过穷日子过怕了，她从小就立志将来一定要成为一个有钱人，绝不能让自己的孩子受苦。结婚之前，她一心想要创造自己的一番事业，她发现女人在化妆品上从来都舍得花钱，便东拼西凑地筹钱开了一家化妆品店，从一开始的赔钱，到后来的慢慢盈利，女人的化妆品店慢慢地有了起色。

小小的化妆品店让女人的腰包渐渐鼓了起来，她也开始有了空余时间，于是，她恋爱了，没多久便结婚了。她的丈夫十分欣赏她独立的个性，也深深佩服她一个柔弱的女人，竟然可以勇敢地走上创业之路。谁知结婚之后，随着她生了孩子，许多事情接踵而来，买房子、买车子，还要养孩子，女人觉得自己的化妆品店的盈利根本不够满足生活所需。这一切再次激发了她的事业心，她开始想尽一切办法扩大经营，引进新品牌。她甚至收购了好几家化妆品店，开起了连锁店。

可是，人的精力总是有限的，当全身心扑在事业上的时候，也就没

有那么多时间顾及家庭了。女人花钱请小时工帮忙收拾家务，请保姆接送自己的孩子上下学。男人并不是不能挣钱，他是一家公司的经理，收入也不低，只是这些都不能满足女人的需求。男人总是劝女人，没必要这么拼命，可女人不听，两个人经常因为这件事吵架。最后男人提出了离婚，女人十分惊讶：“难道我这么拼命不是为了这个家吗？”

男人还没有说话，孩子便从房间里冲了出来，喊道：“妈妈，你知道我有多久没看见过你了吗？”

女人的心颤了，是啊，她只顾着自己的事业，嘴里总念叨着自己的事业，她都不记得自己有多少天没见过孩子了，她甚至没为老公和孩子做过一顿饭。她的事业是很成功，可是，她是一个失败的女性，她没有尽到一个妻子和母亲应尽的义务。

对于鸟来说，有左翅膀和右翅膀，只有两只翅膀平衡，才可以飞得更高更远。事业和家庭就好比一对翅膀，只顾家庭，便会失去生活的激情，丢掉自己的梦想，只顾事业，便又失去了生活的味道，舍弃了自己的家人。只有在事业和家庭两方面保持平衡，女人，才是真正幸福的女人。

一份稳定的职业，一个美满的家庭，这双翅膀，羽翼丰满，才能让女人在生活的天空中尽情地翱翔。

可是，这双翅膀要如何平衡呢？

1. 侧重家庭

为何侧重家庭呢？因为对于一个女人来说，家庭的责任要比事业更重一些。男人赚钱养家是天经地义的事情，女人赚钱则是为了平衡生活。女人首先要顾好自己的家庭，因为女人天生就比男人精于此道，而对于孩子来说，也会偏重于依赖自己的母亲。

2. 工作不看钱，看心

女人的工作一定是自己喜欢的工作，原本就不是依靠它吃饭的，赚钱多少没有太大关系。所以，挑选工作看自己的心，只有一份自己喜欢的工作，才能将料理家庭的疲惫感一扫而光。一份自己喜欢的工作，不仅可以为女人平衡生活，还会带来更多的快乐和幸福感。

第五章

银莲，给心灵沉淀的机会

纯洁得不含有一丝杂质，雅致得让人心生怜爱，这就是银莲花。它虽然没有牡丹那样华贵，也没有茉莉那般清香，更没有和玫瑰一样的魅力，可它就是它，纯洁而雅致，清新而自然，让人忍不住想要嗅一嗅它的味道，想要淡淡一亲它的芳泽。女人，应当如银莲花一般，保存自己的纯洁，也拥有自己的雅致。这看上去并不容易，想要让自己保持纯洁无瑕，那就必须时刻提醒自己，沉淀自己的心灵。

宽恕别人，其实是善待自己

人生最大的美德是宽恕。表面上来看，宽恕别人，是给了别人改过自新的机会，其实，宽恕别人，正是善待了自己。不信你看，在宽恕别人的那一刻，自己也不再怨恨，不再忧愁，心灵得到了解脱，难道这不是善待自己吗？人生在世，孰能无过，得饶人处且饶人，何必揪着别人的过错不放，难为了他人，更苦了自己呢？

宽恕他人，为己宽心

女人的心细密、谨慎，即便是再微小的事情，也能注意到、觉察到。然而，这样的心也难免会有一些小心眼，难免也会因为一点儿小事而耿耿于怀。男人若有误会，有心结，喝几杯酒，抽几支烟，就抛在了脑后，而女人，可能真的一辈子就结下了仇。

何苦为难自己呢？人们共同生活在这个世界上，难免会有摩擦，如果把一丁点儿的小事都牢记在心，为此互相怨恨，以至于老死不相往来，这可是对彼此一辈子的折磨，真的值得吗？学会宽恕别人，学会用一颗宽容的心去对待别人，这不仅是为了别人，更是为了自己，因为，这个世界上，唯有宽心者才能得到快乐和幸福。

有宽容之心的人，懂得如何爱别人，也会得到爱，在这个世界上，她们可以得到宽容的力量，此生与幸福结伴同行。而没有宽容之心的人，斤斤计较、小肚鸡肠，她们只能和仇恨为伍，最终孤寂一生。

她是一名老师，教书育人，温柔和蔼。她的丈夫也是一名老师，两个人在办公室里认识，在办公室里恋爱，最终喜结连理，并生了一个可爱的女儿。所有人都对这对教师夫妻投来羡慕的目光。可是，幸福总是那么经不起时间的检验。男人下海经商，开始赚得大把大把的钱，都说男人一有钱就会变坏，这句话放在她的男人身上也不例外——丈夫有了外遇。

男人毫不顾及多年的情分，将房子和存款统统带走，唯独把女儿扔给了她。对这样的男人，全学校的老师都在唾骂，唯独她却一声不语。大家都纷纷来安慰女人，领导也找女人谈话，要给她一个假期，让她好好调整一下再回去上课。女人拒绝了，她说她没事，她反而宽慰大家，不用担心自己。

女人照样上课，她班里孩子的成绩依然和之前一样好。同事们见她没有受影响，也就放心了。女人还是温柔和蔼，待人接物也总是那么可亲。过了三年，一名外教来到了学校，这名外教高大帅气，十分有才华，他对女人一见倾心，听说了女人的故事之后，更是对女人展开了猛烈的追求攻势。女人最终被他的诚意打动，两人谈了两年的恋爱，她准备和外教回英国举办婚礼。外教的家人也见过女人，都夸赞她是一位美丽的东方女性，气质好，人品也好。

一个多年的同事偷偷问女人："当初你为什么会那么平静？男人做事情那么绝情，多年的夫妻情分都不顾，还把女儿扔给你，怎么不向他讨个说法？"

女人笑了笑："怎么讨？打官司，说他有外遇？他为了摆平官司，四处送礼，和我吵，和我闹，然后双方展开拉锯战？最后搞得两败俱伤，筋疲力尽，我没办法上课，女儿也没办法好好学习。我们这些事也让邻居天天在背后念叨，女儿听了能好受吗？还不如就原谅他，好聚好散，我也落个清静自在，还是教我的书，把女儿好好带大。"

同事不由恍然大悟，钦佩地点点头。

是啊，女人说得没错，如果当初真的去闹，恐怕就没有安生日子可以过了。所以说，女人现在得来的幸福是她的宽容换来的。

给心灵松松土

总是抓住别人的错误不放，最终伤害的还是自己，还不如大度一些，宽容一些，给这件悲剧的事情画上圆满的句号，然后，让生活重新开始。想想看，这也是最好的结局了。

柔软的土地才能让植物更好地扎根，更好地存活，心灵也是一样。只有柔软的心灵，才能让幸福和快乐更好地成长，给自己的心灵松松土吧，别让心灵那么强硬。

如果你抓住一丁点儿的小事，就要闹上一番，那么快乐和幸福也都被你赶走了。有柔软心灵的女人，懂得宽恕别人，更懂得善待自己。如果你也想做一个气质儒雅、幸福快乐的女人，那就及时给自己的心灵松松土吧，说不定，你离幸福已经很近很近了。

偶尔去旅行，给心灵放个假

旅行，对于身处闹市，疲于奔命的我们总是显得那么奢侈。但是，谁不向往旅行呢？年少的时候，总是许下环游世界的愿望，奈何自己还太小；大学的时候，有大把大把的时间去挥霍，旅行似乎是不错的选择，可苦于口袋里的钞票寥寥无几；当成熟以后，又疲于奔走在生存的道路上，房贷、车贷让人想不起旅行，而当真的有钱有闲可以旅行的时候，又没有那份愉悦的心情了。

去旅行吧，就在当下，别顾及那么多，因为心灵也需要一个假期，需要放松一下。再不旅行，心灵就比身体先老了！

走在路上的心

读书、旅行，看似毫不相干的两件事，却也能擦出火花。人们总认为读书是心灵的旅行，而旅行是身体的阅读。其实不然，旅行，是身体和心灵同时走在路上。

在这个快节奏的时代里，无论男人，还是女人，都奔走在自己的世界里，每一天，每一个星期，每一个月，甚至每一年，都好像被安排了满满当当的行程，周而复始，重复、单调而枯燥。对如此刻板的生活，你或许会感到疲惫，可一想到生活的压力，便又直起身子继续向前走。每天拖着疲惫的身体回到家里，生活的压力也让心灵倍感憔悴。这样的日子，你过够了吗？

一根弦绷得太紧，是会断的，人的神经绷得太紧，也是会崩溃的。如果你也累了，你的心也憔悴了，那就上路吧，来一场说走就走的旅行，人生的潇洒

不正是如此吗?

去阅读泰山的巍峨，努力拼搏，攀登高峰，当你爬到顶峰，也会感受到诗人“一览众山小”的壮阔，那一刻，你的心豁然开朗；读山之后再读水，去往悠悠的大明湖畔，感受那波光粼粼的悠闲，用手触摸那阳光下的湖水，凉凉的，细细的；看过了湖水的静谧，再去感受海的波澜壮阔吧，大浪淘沙，惊涛骇浪，海风的吹拂，海水的激荡，是可以带走心灵的尘埃的；读山读水之后，何不遍访古迹，踏寻古人的足迹，去寻找几千年的未解之谜，那是一种令人神往的神秘；再去一次西藏吧，那是一个纯净的圣地，磕长头拥抱尘埃，一切的一切，都只为沉淀你的心灵。

当阅遍了国内的风景，那就走出国门，去看看异域风情吧。去浪漫的普罗旺斯，穿越在薰衣草丛中，体会那种浪漫和简单，喝着鲜味芝士，嗅着薰衣草的香气，将人生的细碎烦恼统统抛到脑后；去时尚的巴黎，巴黎是女人的天堂，在那里可以感受到令人迷醉的奢华和多情；去布达佩斯，体会电影里的浪漫，感受那里自由的空气；去巴塞罗那，感受那火一般热情的圣地，去品味那浓郁的拉丁风情；去圣托里尼岛，看最美的岛屿，欣赏日出的壮阔和日落的优雅，这将会是你一生都难以忘怀的记忆；去海岛极品——爱妮岛，去偷心的城市——海德堡，去最美的沙漠——巴丹吉林，去最美的雪山——乞力马扎罗……

每一次旅行都会有不同的收获，每一次旅行都会有不同的故事。你知道下一次旅行的地点，却不知道下一次旅行发生的故事，这就是旅行的魅力。爱上旅行吧，人不可以失去旅行，身体被禁锢在同一个地方，会让心灵蒙上尘埃，只有旅行，才会有新鲜的气息，只有去远方，才能让心灵活跃起来。

去旅行吧，你会爱上这种莫名的冲动。

给心灵一个完美的假期

也许你会说“我不是不想去旅行，是有太多的牵绊，让我无法离开自己所在的地方”；也许你会说“我不是不喜欢旅行，实在是囊中羞涩，无法让我走得更远更潇洒”；也许你会说“我爱旅行，可是我的身体不允许，旅行太累了”。

所有的也许都是你的托词，人生的美妙就在于说走就走的勇气。当你想要去旅行，当你厌倦了自己的生活，当你的心灵已经堆满了尘埃，你真的迫切需要一次旅行，去将这些尘埃拂去。沉淀自己的心灵，放松自己的身体，这就是旅行的意义。要旅行，就要痛痛快快、彻彻底底，要旅行，就不要顾及那么多，要旅行，那就走吧！

1. 不要为了旅行而旅行

有些人旅行的目的不够纯碎，只是为了炫耀自己去过别人没有去过的地方，其实，这并没有什么好炫耀的。旅行，不是一场炫耀，而是纯粹地放松自己，给心灵一个完美的假期。当你抱着这样或者那样的目的去旅行时，旅行已经失去了它的意义。记住，旅行的意义只有一个：给心灵一个假期。

2. 是休闲而不是赶场

有些人旅行，恨不得把所有的风景都看一遍。风景，需要细细品味，如果像是赶场一样，匆匆走到这里看两眼，又匆匆跑到那里看两眼，那还不如在电脑中搜索图片来看呢！旅行，重在品味，你是去休闲的，不是去赶场的，把自己弄得疲惫，会丧失对旅行的兴趣。对没有看过的风景也不要觉得遗憾，让这座城市保留一点神秘感也未必不是好事，你若有心，下一次，它还会在那里等你的。

3. 囊中羞涩不要勉强

借钱旅行实在是不明智的，在旅行中，想到回去之后还有沉重的债务，多美的风景也会失去了色彩。如果囊中羞涩，那就不要勉强自己，先攒钱，再去旅行吧。可以每个月攒下一部分钱，作为自己的旅行基金，这样，就不会因为缺钱而错过美丽的风景了。

一个女人，应该时刻提醒自己，莫让心灵浮上尘埃。心灵纯粹的女人才是一个优雅美丽的女人。如果累了，如果倦了，如果乏了，那就走吧，还在等什么，你的心灵已经在抗议，它需要走一走，看一看，去体味那不一样的人和事，去领略那不一样的风景。

听听音乐，享受一个人的时光

音乐，跟随着历史的脚步发展到了今天，是社会文明最伟大的产物之一。激昂的音乐，让人荡气回肠，心灵为之震撼；柔美的音乐，能够舒缓人的心绪，让人的心里有一股暖暖的东西流淌；充满激情的音乐，能让人忘掉世俗，跟随它翩翩起舞；活泼的音乐，更是可以让人心中充满阳光。音乐，或激昂，或柔美，或激情，或活泼，总能让人的心灵有一丝触动，让人倍感亲切。想要涤荡心灵，那就听听音乐吧，你会爱上音乐里的时光。

音乐的魔力

从古至今，音乐总是伴随着人类的发展。人们将音乐看作一种灵魂的语言，认为音乐可以涤荡人的心灵，可以触及心灵的最深处，和心灵交谈，和心灵对话。

对于人类来说，音乐是有魔力的：听音乐的时候，大脑中会释放内啡肽，减缓人的生理疼痛，可以缓解人的压力以及焦虑感；音乐可以降低血压，可以刺激大脑细胞，让人处于冥想的状态，产生灵感，平抚心绪；音乐还可以促进人的睡眠，让人保持一种平和快乐的心态。

曼丽是一个没有情调的人，她觉得情调是很虚无的东西，不如物质来得实在，有些人夸奖曼丽上进，有些人则暗讽她太过现实。她不在意，因为她知道自己想要的是什么。曼丽是个工作狂，勤奋的态度和强烈的事业心，让她成为了女强人，拥有了自己的一番事业。

可是，前几年她一心扑在事业上，却忽略了自己的婚姻大事。现在事业有成，也有了闲暇时间，曼丽开始恋爱，按理来说，这样一个多金女，肯定有不少男人会喜欢，可是曼丽的几次恋爱都以失败告终。她开始怀疑自己，是因为没有女人味吗，还是自己的事业吓跑了对方？恋爱的打击是可以摧毁一个人的，曼丽真的很受伤。她开始在工作的时候开小差，总是提不起精神来，这让她十分苦恼。一个闺蜜从美国回来，看见昔日风风火火的曼丽竟然成了这个样子，很是奇怪，开始询问她出了什么事，曼丽这才把自己的故事讲述出来。

“你太没有情调了，说白了，就是太现实。你觉得需要钱的时候，就大把大把地赚钱，你觉得需要婚姻的时候，就疯狂地相亲谈恋爱。”

“难道不是这样吗？我需要钱的时候，当然是忙着赚钱，顾不了别的；我需要婚姻的时候，也当然是相亲喽，否则天上能掉下男人来不成？”

闺蜜忍不住笑了：“怪不得别人说你没有情调，情调虽然不能当饭吃，但是，却可以成为你的精神食粮。”闺蜜送给曼丽一张光盘，叫她回去好好听一听这首曲子。

曼丽不相信一首曲子便可以改变一个人，可她回去还是听了这首曲子。一分钟，她便进入了音乐的情境当中，听着这首曲子，她仿佛置身于波光粼粼的湖水中，柔美的月光洒满湖面，是那么动人，一叶扁舟波万顷，而她自己就在这摇曳的扁舟上，享受着月光，享受着扁舟的飘摇，那种感觉美妙极了。曲子结束的时候，曼丽都还沉浸在刚才的景象中。

她被自己吓坏了，赶紧打电话给闺蜜，这才知道这首曲子是贝多芬的《月光曲》。她是个不懂情调的人，从不听曲子，可贝多芬倒是听说过。这一刻，她真的相信了音乐的魔力。后来，她便自己找曲子听，《梦中的婚礼》《天空之城》《天使的祈祷》《卡布里的月光》……一个人的时候，她便静静躺在摇椅上听曲子，放松自己，那个时候，她觉得全世界只有自己。

曼丽变了，她在音乐里变得越来越温柔，越来越浪漫。对待生活，她不再是带着浓浓的功利性，而是带着享受的心态，不努力去争取什么了，反而觉得比以前更加快乐和幸福。

音乐，真的是有魔力的，它可以改变一个人的心性，让人心中升腾起生活的热情。去听音乐吧，去感受它的魔力，去爱上它的浪漫，去触摸它的灵魂。所有你想得到的，你终究会得到的。

和心灵对话

在一个人的音乐时光里，你会和自己的心灵产生一段对话。那一刻，你的心是安静的，你的脸是带着微笑的。如果在生活的重压下你觉得自己的心好疲惫，如果在时代的压迫下你觉得自己的心有伤痕，如果在社会的生存法则中你觉得自己快要崩溃了，那么，就去听听音乐吧，和自己的心灵来一段对话。

在听音乐时，还有一些小小的建议要给你。

1. 根据心情，选择音乐

不是所有的音乐都会达到涤荡心灵的效果。选择音乐，要根据自己的心情和状态：如果你感觉自己压力大，那就选择轻柔的音乐；如果你感觉工作乏味无趣，那就选择充满激情的音乐；如果你觉得生活太黑暗，那就选择轻快阳光的音乐……

2. 装清高，扮优雅，不可取

有些人喜欢音乐，并不是带着纯粹的心灵去喜欢，她们觉得欣赏音乐很优雅，于是便开始假装喜欢音乐，尤其是一些冷门小众的世界名曲，来显示自己的品位不俗，这样是不会从音乐里有所收获的。音乐，需要用心灵去感受，需要静下心来，慢慢享受，想要涤荡心灵，来不得半点虚假。

3. 享受一个人的时光

如果喜欢音乐，那就享受一个人的音乐时光吧。你可以和别人分享音乐，却无法和别人同时得到音乐的馈赠。在与心灵对话的过程中，来不得半点打扰。

优雅的你，拥有一颗纯粹的心灵，需要音乐的涤荡，需要音乐的陶冶。去吧，去享受一个人的音乐时光。

爱他，就要给他自由

爱一个人是什么样子的？当我们爱一个人的时候，总是觉得在他面前可以霸道也可以任性；当我们爱一个人的时候，总是觉得我有权力要他这样，有权力要他那样；当我们爱一个人的时候，总是觉得可以随便看他的手机，随便翻看他的邮箱，随便翻看他的钱包。我们爱一个人的时候，总觉得做一切都是理所应当的。其实，这样的爱，对于他来说，不是爱，而是枷锁，令人窒息，也十分可怕。如果爱他，那就给他自由吧。

别让爱成为枷锁

匈牙利的诗人裴多菲曾经写下了脍炙人口的诗句：“生命诚可贵，爱情价更高，若为自由故，二者皆可抛。”很多人总是强调这首诗的前两句，认为爱情是这个世界上最珍贵最美好的东西，为了爱情，甚至可以抛弃生命。可是，很少有人会在意诗歌的后两句，其实，这首诗是在歌颂自由，裴多菲认为，在自由面前，生命和爱情都轻若浮云。

人，为了自由可以抛弃生命，也可以舍弃爱情。男人更是如此，他们天生就像是一匹难以驯服的野马，总是想要驰骋江山、自由奔驰，当遇到爱情的时候，他们愿意停下脚步，甘愿被驯服，去守护自己的爱人，但是，如果你总是想要勒住他的马缰，让他跟随你的脚步，总有一天，他就会挣脱马缰，做回那匹驰骋天涯的野马。

她是一个好女人，勤俭持家，贤良淑德，作为一个妻子，她堪称楷模。她有一份好工作，收入不低，她也将家里收拾得妥妥当当。可是，她管教爱人，像是管教孩子一般。她不允许他抽烟，因为抽烟对身体不好；她不允许他喝酒，因为喝酒伤肝；她不允许他晚归，因为害怕他晚上开车有危险；她不允许他的口袋里装太多钱，因为她觉得男人有钱便会变坏；她不允许他和自己的朋友们出去叙旧，她觉得男人们在一起总是会干坏事；她不允许他熬夜看足球，因为熬夜太伤身体了；她时常会翻看男人的手机，看他和谁发短信、通电话；她有男人一切聊天工具的密码，隔一段时间她便会登陆男人的账号，查看他的聊天记录……

女人总觉得自己生活得如此小心翼翼，是为了男人好，也是为了两个人的爱情能够走得更长远。对于女人的做法，男人虽有怨言，可毕竟是男子汉，总是多处忍让，所以，他们一直被称为模范夫妻。可是，一条短信竟然打破了原本美好家庭的假象。女人在翻看男人的短信时发现了一条陌生号码发来的信息："好久不见，在做什么？"就是这样一条短信，就是这样一句"好久不见"，让女人看到了暧昧，嗅到了威胁。她拿着短信质问男人，男人起初一惊，随后开始哄女人，可是女人仍旧暴跳如雷，她不允许男人有丝毫的精神出轨，她就这样闹着，慢慢磨尽了男人的耐心，男人怒吼一声："你有病吧！"随后走出了家门。

女人泪如雨下，她回了娘家，十分灰心，也十分难过，她怎么也想不到自己处处为了男人好，男人竟然会这样对自己。女人的妈妈毕竟是个过来人，她没有劝解女儿，而是说过不下去就别过了。不过了？女人一惊，这是她从未想过的事情。妈妈见女人有所触动，便画了一幅画，上面是一颗心，心里有一把锁。她让女儿好好品味这幅画。

醒悟总是在一瞬间，女人忽然想到男人虽然抽烟，可抽得并不凶，男人也不爱喝酒，只是偶尔和兄弟们喝几杯觉得很惬意，男人开车也很小心，从未出过交通事故。而且，男人是老实的男人，也从不会沾花惹草。既然如此，自己何必把他牢牢锁在身边呢？女人回到家中，做了一顿丰盛的晚餐，等待男人回来，她知道这一次是自己错了，因为爱是让心里开出一朵花，而不是加上一把锁。

不要让自己的爱成为枷锁，不要因为爱他，就剥夺了他的自由。爱情是很神奇的东西，有时候握得太紧，反而消散得越快。别给爱情上枷锁，这样，女人会累，男人也会累，只有在自由的空间里，爱情才能够自由地呼吸。

爱情需要空间

也许我们不允许男人抽烟喝酒，是担心他们的身体，是为他们的健康着想，但是，男人们在一起，抽一支烟、喝几杯酒也是他们的乐趣，只要是不嗜烟、不酗酒，那就可以了，偶尔在炎热的夏天，给他一瓶冰镇的啤酒，陪他凉爽地喝下，那也是一种惬意；也许我们不允许他们看足球，是害怕他们熬夜影响第二天的工作，男人赚钱养家的压力很大，看足球可以缓解他们的压力，夜晚准备一点饮品和甜点，陪他看一场足球，也不失为一种浪漫；我们不允许他们和兄弟聊天喝酒到很晚，可是，男人毕竟是男人，就像是女人离不开闺蜜，总是要和闺蜜一起逛街一样，男人也需要和兄弟开怀畅饮，互诉心事，给他时间和空间，去和自己的兄弟叙叙旧吧；也许，我们经常翻看他们的短信和通话记录，总是对他们有一种怀疑的态度，其实，每个人都应该有自己的隐私，一个男人若想出轨，再怎么拦也拦不住，一个男人若想和你共度一生，受到再大的诱惑他也不会动摇，对你爱的他多一点信任，少一点怀疑吧。

爱情，需要自由的时间和空间，只有在这样的环境下，爱情才能健康成长，否则爱情只能慢慢扭曲，最终慢慢被磨灭。如果你不想让爱情在枷锁下消失殆尽，那就给他自由，也给自己自由吧。

1. 是温柔的劝解，而不是强制和命令

抽烟喝酒对身体不好，这些他们也知道，可是就好像女人买衣服上瘾一样，抽烟喝酒也是他们戒不掉的。与其强制阻止，不如温柔劝解，把“别抽了”换成“少抽点，对身体不好”，把“别喝了”换成“少喝点，喝酒伤肝”。同样的意思，在男人那里起到的效果可是不一样的。

2. 经过允许，再行动

当有些行为涉及对方的隐私时，一定要先征求对方的同意。你可以看他的手机，查看他的短信和通话记录，但是一定要坦荡，先问问他可不可以。如果他说不可以，也不要任性地说他心里有鬼，每个人都有保留隐私的权利，即便是爱人也没有权力剥夺。如果他说不可以，并不代表他心里有鬼，可能他是顾及男人的尊严，可能他是想要一点自己的空间。最好的办法，就是什么都不说，把手机还给他。

敞开心扉，聆听彼此的心声

每个人的心都有一道门，也就是我们的心门。有人的心门是玻璃做的，即便是不推开心门，也可以隔着门看见心里的事情；有人的心门是纸做的，可能很小的触动，便会打开这扇心门；而有人的心门却是钢铁做的，甚至还上了一把锁，很难有人能打开这扇门，倾听心里的故事。如果你的心门是钢铁做的，那就要时常打开它，让对方倾听你的心事，如果对方的心门是钢铁做的，那你更要时常试着去推开这扇门，去倾听对方的心声。

有心事的窗帘

家里的窗帘换掉了。从以前略显沉闷的深紫色，变成了鲜艳活泼的淡绿色，整个房间都显得活泼起来。

女人打量着自己一下午的杰作，满意地走进了厨房。她本以为男人回到家里会夸奖一下刚换掉的窗帘，可谁知，男人只在吃饭的时候说了几句话，只字未提窗帘的事情。这么大的改变，男人不可能看不到的。女人没有说话，吃完饭在厨房里偷偷掉眼泪。

她知道自己该离开了，只是没想到男人竟然这般绝情。女人无意间发现男人和一个女人来往频繁，她并没有亲眼见过那个女人，只是看到两个人有许多的短信来往，有许多的电话来往，就连QQ上与他频繁聊天的那个人，女人也怀疑是同一个人。

她很确定男人出轨了，只是她没哭，也没闹，更没找男人对质。因为

前不久，她去检查身体，医生说她不能怀孕了，所以，女人并不怪男人的出轨。生一个孩子，一直都是他们的梦想，他们无数次谈论着孩子，可是女人的肚子一直没有起色。女人想，或许男人有了新人也是好事，毕竟自己不能生孩子，一个没有孩子的家庭是不完整的。可是，女人放不下，她太爱男人了，她想要把家里重新装饰一下。一个月前，她就开始了这项工程，从家里的小装饰品开始，最后把窗帘也换掉了。

女人真的走了，她给男人留下了一张纸条，又看了一眼自己新换的窗帘，那么清新亮丽，男人和未来的女主人肯定喜欢。她带着微笑和眼泪离开了。男人回到家里，立即觉察到家中的不一样，他看了纸条，猛拍了一下自己的脑门，立即去寻找女人，在机场，他找到了快要离开的女人。

“跟我回去。”

“不，我写得很清楚，祝你们幸福。”

“我们？”男人一愣。

“是啊，对不起，我看了你的手机，反正我也不能生孩子，不能给你一个完整的家，那就只能祝你幸福了。”

“那是我的高中同学，刚从美国回来，主攻妇科，我之所以和她有联系，是一直在咨询你的病啊。”

说完，他一把把她搂在了怀里。是啊，他知道女人是个小心眼，而且特别容易自责，所以，当他看到化验报告的时候，没有质问女人，更不会和她谈些什么，他只是一个人默默承担着这份压力。他们回家了，在绿色的窗帘下，他们相约以后无论遇到什么事，都要和这窗帘一样，对彼此保持公开透明。

其实，如果两个人从一开始就敞开心扉，把心事都拿到桌面上来说，又怎么会发生后面的误会呢？两个人能走到一起，最奇妙的莫过于，我有一扇心门，或玻璃，或纸，或钢铁做的，却唯独只有一个你可以推开它，并走进去，而你的心门，也唯独只有我可以走进去。倘若，结婚以后，两个人都把这扇门上了锁，那么，还能像以前那样如胶似漆、相濡以沫吗？

敞开心扉，去倾听彼此的心声，或许你会重新认识对方，你也会重新认识自己，这个过程是一个加深彼此感情的过程，也是两个人相处不能缺少的过程。

人的心灵空间总是有限的，烦恼、忧愁、秘密越积越多，如果不定时地清理一下这块心灵空间，早晚有一天负面情绪会爆发的，那个时候，后果可就不堪设想了。两个人在一起，就是因为彼此相知相伴、无话不谈，如果谁都不肯敞开心扉，那又何必走到一起呢？

推开心门，畅谈心事

女人，总是比男人多那么一些小心事。似乎是因为男人粗犷，总是不想把小事情放在心上，而女人则心细，一丁点儿的小事也能注意到，正是因为男女的这种互补，老天才让一个男人、一个女人相扶到老。

男人是很少会注意到一些细微的变化的，所以，经常找时间和男人聊一聊，这个任务就落到了女人的肩膀上。女人或许会说："为何是我主动？"别这样想，爱情里，总有一个人是主动的，谁叫我们心思缜密，谁叫我们的心事比男人多呢？推开他的心门，也敞开自己的心扉，聊聊最近的工作、最近的动态、最近的心事。

1. 选择合适的时间

男人总是有这样或者那样的事情要做，当他刚刚带着一身疲惫下班归来时，肯定是不愿意听你的絮絮叨叨的，又或者他在欣赏一场精彩的球赛，也就更不愿意被你打扰。所以，一个合适的时间很重要，也许是快要入睡的时候，也许是周末闲暇的时候，大家的状态都比较放松，总之，一个合适的时间直接决定你们的"聊聊"是一场争吵，还是一场浪漫。

2. 用轻松的心态和语调

既然是谈心，不是谈判，那就没必要太正式，更没必要太严肃。太过于正式和严肃，只能让男人感觉自己做错了事情，好像在受批斗一样。如果能说说笑笑，玩玩闹闹，那就再好不过了。

3. 完美的二人世界

既然是两个人谈心事，那就没必要扯上别人了吧，哪怕是自己的闺蜜，

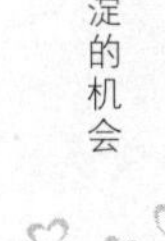

或者是父母和孩子在场，都是会破坏气氛，影响效果的。就像是夫妻间的小秘密，千万不要让别人听到。

心灵的空间是有限的，堆积的东西太多，就会影响自己的心情，所以，真的需要那么一段时光，让彼此走进对方的心里，去畅谈心事，去寻回浪漫，去打开心结。

学习让心灵充满智慧

一个美丽的女人，可以在她青春年少的时候，吸引无数人的目光，可是当年华老去，容貌已渐渐输给了岁月，还能留住别人的目光吗？而一个有智慧、有内涵、有学识的女人，无论年轻，还是年老，都能让人眼前一亮。美丽，可以增加回头率，智慧却可以为自己博来尊重。去学习吧，美丽会过期，可知识却是永恒的宝，永远不会过时。

一个花瓶的悲哀

美女走到哪里都能占点儿便宜，这是所有的女人都十分赞同的一句话。难道不是吗？美女排队，会有男人主动让位置；美女买东西，多少会有一些折扣；美女遇到困难，也总会有一些人主动帮忙；在面试的时候，美女也总能获得好印象；商务洽谈的时候，美女也更容易拿到客户的订单。无论这些主动站出来的人是出于什么目的，总之，美女是占到了便宜。

于是，很多女人想要成为美丽的女人，将大把大把的金钱花在服饰、珠宝上，把大把大把的时间花在美容、化妆上。

可是，想一想，这样的便宜占与不占有什么区别呢？如果因为这样的小便宜，而丢了大便宜，岂不是得不偿失？美女，或许可以在面试官面前，通过美貌留下好印象，假使真的因为美貌进了公司，倘若没有能力，也早晚会被辞退的。和客户谈判也是一样，没有点儿真才实学，是无法长期留住客户的。

一个女人，如果只有美丽，那就只能是一个花瓶。

英英做梦都想成为这样一个花瓶。在影视圈，长得不漂亮，只能是配角；在音乐圈，只要长得漂亮，哪怕唱歌再烂，也是一名偶像歌手；在职场，那些漂亮的女人才能如鱼得水。这些女人，她们除了漂亮就是漂亮。所以，英英也要成为这样漂亮的女人。她开始学着打扮自己，还攒了三个月的钱，为自己割了双眼皮，垫高了鼻梁。接着她拿出大量积蓄买漂亮的衣服和鞋子，买高价的化妆品。没错，英英的确漂亮了，人们也开始称她为美女。

凭借着自己的美丽，英英顺利进入了一家外贸公司，并且深受老板的器重，可是，在这家公司里，英英没有朋友。不过，这也没关系，英英认为也许是自己太顺利了，她们都嫉妒自己，英英依然得意于自己的美貌。老板越来越喜欢英英，总是送一些化妆品给她，英英也觉得这样不太好，可架不住老板的盛情，也就收下了。

这天，英英刚要下班就被老板喊住了，老板说要约见一个重要的客户，想带着她去，英英很开心，这足以见得老板对自己的重视，英英特意打扮了一番，随老板来到了和客户见面的地方。席间，英英被安排和客户坐在了一起，那是一个大腹便便的男人，虽说让英英有些厌恶，可英英也只能勉强应付着。

英英被灌了不少的酒，等到饭局结束的时候，英英已经有些醉了，那个大腹便便的男人开始动手动脚，此时，英英发现包间里只剩下自己和那位客户了。英英这才有些慌了，她拼命地躲闪。客户也喝多了，淫笑着扑向英英，英英拿起桌子上的酒瓶砸破了客户的脑袋。

老板冲了进来，英英质问老板这到底是怎么回事。

老板怒了，指着英英的鼻子就骂："你以为我是真器重你吗？我是看你漂亮，才让你来陪客户的。你也不撒泡尿照照你自己，看看你是什么德行，我花钱可不养闲人，不是让你在公司里描眉画眼的！给我滚！"

英英逃跑似的离开了，在人来人往的马路上，她吹着冷风终于明白，想要成功，只有美貌是不够的，想要获得尊重，还要有足够的能力。

是啊，没有真才实学，是不会获得尊重的。只有美貌，那只能是一只花瓶，如果能插满鲜花，暂且还算有些价值，如果连插花都不能，那么，花瓶最后只能走向悲哀。

一个电影明星，如果只有美貌，没有过硬的演技，就算是红了，也只会被人骂作花瓶；一个歌手，如果只有美貌，没有一副漂亮的歌喉，就算是红了，也不会长久的。一个聪明的女人，即便是没有美貌，也会通过学习，让自己获得成功，而如果拥有美丽，她们更会让自己的美丽实至名归，一个有智慧又有美貌的女人，赢得的不仅有尊重，还有掌声。

做一个充满智慧的女人

古人云：女子无才便是德。可是，古往今来，那些被人称颂的女子，都是满腹诗书、充满智慧和才情的。一个女人，可以没有美丽的外表，但是一定不能没有学识。一个充满智慧的女人，才是最美丽的女人。

多学习，多读书，腹有诗书气自华，一个有智慧的女人，更是一个充满魅力的女人。靠化妆品包装的女人，可能给人美好的第一印象，可说不了几句话便露了馅，而靠学识包装的女人，就像是一杯好茶，越是深入了解，越是发现其充满魅力，这样的女人由内而外散发着内涵的光芒，令人向往。

女人，去学习吧，不要蹉跎了岁月，才感叹岁月的不公。在学习中，还要给女人一些小小的建议。

1. 压垮自己的懒惰

人天生就是有惰性的，如果真的想要学习，还真是需要一定的自制力。不妨就强制自己，或者找个人来督促自己吧。倘若三天打鱼两天晒网的话，是不会得到好的学习效果的。

2. 男女搭配干活不累

如果能拉上自己的爱人一起学习，那就再好不过了。两个人可以互相督促，互相学习，遇到不懂的问题，还可以互相商量和寻求答案。

3. 学习，不拘泥于学什么

学习，不总是像大家想的那样，必须学一门语言，或者学习和自己工作

相关的内容。这里的学习是不拘泥于此的。女人，可以学习烹饪，可以学习弹琴，可以学习写作，可以学习插花，也可以仅仅是多读一点儿书。任何的学习都会有所收获的。

愚蠢的女人，装饰自己的外表，聪明的女人，装饰自己的内涵。是愚蠢，还是聪明，就看你自己的选择了。

第六章

薰衣草，一种平平淡淡的浪漫

它们有着淡淡的味道，有着淡淡的花朵，有着淡淡的心灵。它们就是如此的平平淡淡，却有一个美妙的名字——薰衣草。一种淡蓝紫色的小花，看上去毫不起眼，闻起来也似乎没什么香气。可它们集中在一起的时候，那是一片一片人间仙境般的美妙。它们代表着浪漫，代表着等待中的幸福，代表着努力之后的奇迹。女人就应该像这薰衣草一样，拥有一颗平常心，不争不抢，不嫉妒，不羡慕，生命给予什么，就接受什么。女人，希望你也拥有薰衣草一样浪漫的幸福。

低调是一种奢华的情调

生活中，或许你可以看到很多女人总是向外界秀出自己的爱情，今天和爱人在哪里吃了饭，在哪里过了情人节，在哪里又收到了多么奢华的礼物……可是，你有没有注意到那些高调恋爱的女人，往往也是在高调中将恋情收尾。很多女人不懂，爱情，其实高调不得，她们更不懂的是，低调，其实才是一种奢华的情调。

低调是一种华丽的调调

曾几何时，网络已经成为人们赖以生活的地方，网络成为了人们生活的T台，人们习惯于将自己的生活秀在网络上，这些人中有大部分都是情侣，大部分中的绝大多数又是情侣中的女人。她们把两个人亲密的照片发在自己的空间里、微博里、朋友圈里，到处都是她们秀恩爱的照片，以及暧昧的心情展示。起初，人们对这些内容津津乐道，也经常送上祝福，可时间久了，大家会慢慢发现，这些情侣不再频繁地秀恩爱了，悄悄一打听才知道，原来曾经那么高调恋爱的两个人，竟然分道扬镳了。于是，便出现了“秀恩爱，分得快”的说法。

爱情，就如同一根雪白轻盈的羽毛，哪怕是一丝细细的微风，都有可能将其吹散，哪怕是一丁点的污浊尘埃，都有可能将其玷污。当你高调地宣布恋爱，并高调秀恩爱的时候，你们的爱情便要开始接受别人的或羡慕，或嫉妒，或鄙夷，或厌恶的目光，开始接受别人或兴奋、或平淡、或带着猜疑的讨论和评价。正所谓人言可畏，在这样的情形下，爱情这根羽毛悬挂在高高的树枝，已经岌岌可危，也许一阵风便会将其摧毁。

小雅，人如其名，有点淡淡的优雅，在上学的时候，就是校花一枚，被男生们当作女神一样崇拜，工作之后，更是被众多同事追求。小雅还有一个亲密的好姐妹素素，也是校花一枚，两个人经常被称为姐妹花。校花级的人物总是有那么多的故事，不少的人加她们的QQ，加她们的男生只为一睹她们的风采，女生只为向她们学习。素素的空间和人人主页都是十分漂亮的，就好像公主应该住在城堡里一样，校花的空间就应该是这样的。素素恋爱了，满世界都是她发出的恩爱照片，那种甜蜜和幸福，让男生抓狂，让女生嫉妒，素素的空间每天都有超高的访问量。毕业之后的好几年，大家看着素素的男朋友走马灯似的换，渐渐地，也就腻烦了她的那些秀恩爱的照片，也就不去看她的空间了。

让人感到奇怪的是，小雅的空间却很少更新信息，她很少发照片，就是发也会是自己工作和享受生活的照片，偶尔晒晒自己制作的水果沙拉，或是自己花大半年时间制作的十字绣。偶尔也会有人想知道一个校花的爱情世界，旁敲侧击地询问："这么好吃的水果沙拉，是不是做给男朋友的呀？"小雅也总是回复说："必须自己吃嘛。"小雅的空间根本不像是一个校花的空间，太素，也太没内容了。

偶然的一天，大家发现小雅改了签名："我要结婚了。"简单的五个字，引起了轰动。大家纷纷跟帖，可是却不见小雅回复，只是小雅全部电话通知了，告诉他们来参加自己的婚礼。大家都纷纷讨论，难道小雅闪婚？后来在婚礼上才知道，小雅和自己的爱人经过了五年的爱情长跑，才终于修成正果。五年！她竟然没秀过一次，哪怕幸福，哪怕快乐，哪怕伤心，哪怕难过，她都没有表示过！很多人去她的空间，真的发现不了一点蛛丝马迹。

同学们在聊起这件事的时候，总是会有多多少少的疑惑。直到后来，小雅写在签名上的一句话让大家猛然惊醒。她说："幸福，自己知道就好；爱情，自己享受就好。低调，其实才是爱情里最华丽的调调。"

很多人都感叹小雅的睿智，是啊，幸福和快乐，自己知道就好了，何必高调地秀出来呢？一个女生也在群里说：仔细看小雅的空间并不是没有营养，而是太有营养了，她把一个女人应该有的生活全都展示了出来，那是一个优雅、睿智、爱生活的女人应该有的生活。

低调一点儿，再低调一点儿

女人，总是有一颗敏感的心和一双敏锐的眼睛。你不经意的一句话，抑或是一张照片，都会引起其他女人的注意。

有些人是你真正的朋友，会真心为你感到高兴，感到幸福，这些人里也不乏一些单身的人，她们看到这些甜蜜会做何感想呢？感叹自己一把年纪还没有人喜欢，感叹别人都已经快要当妈，而自己还未品尝爱情的滋味，感叹自己怎么就那么差劲，自卑、自怨自艾跟随着她们，这就是一些你的朋友看到你的甜蜜之后的反应。

还有些人并不是你的朋友，她们会嫉妒，会抓狂，甚至会对你的幸福进行破坏，会在背后为你制造绯闻，制造不愉快，相信这些也都是你不愿意看到的。

还是低调一点儿吧！幸福，不是仅仅在你的空间、人人主页、朋友圈里才可以被大家看到，你饱满热情的脸庞、洋溢着幸福的嘴角，还有你充满激情的生活，随处都是你幸福的写照啊。幸福不用你高调地去秀，真正幸福的女人，是自带“柔光”的噢。

1. 为你的恋情加密

如果你是一个喜欢分享的人，那么不妨给自己的爱情和幸福加密。可以专门设置一个相册，抑或一个独立空间来装满你们的甜蜜，只分享给自己最真最亲的亲人、朋友看，因为，他们是真心希望看到你幸福的人。

2. 低调地秀

有些人觉得既然秀出来，那就肯定是高调的。其实不然，有些恩爱是可以低调地秀的。你可以发一些比较平常的照片，配上对生活的感悟，配上对爱情的感悟。但是，千万不要太频繁，更不要说一些让人觉得肉麻和“酸”的话。

没有浪漫，那就制造浪漫

玫瑰、香水、蜡烛，想到这些，任何一个女人的脑海中都会浮现一个词语：浪漫。爱情，浪漫一些，终究是令人欢喜的。谁不想和爱人共度花前月下的浪漫，可越是想要的东西，就越是很难得到，不是男人不懂，就是时光太匆匆，来不及也顾不上。女人，如果你渴望浪漫，那就去制造浪漫吧。

生活，哪有什么应该不应该

女人，总是渴望一些浪漫的，但她也许并不需要豪华游轮出海，也不需要总统套房的生日派对，更不需要藏在蛋糕里的钻石。这些固然浪漫，可太不切实际了。女人，只需要一朵玫瑰，抑或是一瓶香水，或者是一顿烛光晚餐，这样就够了，一星半点儿的浪漫都能让她回味许久。女人苦恼："是啊，我要的并不多，也花不了多少钱，可为什么他就不能给我呢？"

其实，他不是不愿意给你，男人和女人来自不同的星球，思维和行为方式都有着很大的差异，他未必知道你想要的浪漫是什么。男人的心思没有女人细密，男人也常常会忽略这些枝节，或者太忙或者太累，或者觉得这是一件没必要的事情。总之，不要怪他，他毕竟和你来自不同的星球。

如果你真的想要浪漫，那就自己去制造浪漫吧。

她是一位知名的婚礼策划师，制造浪漫是她的强项，不知道有多少新人，是在她的指导下步入了婚姻的殿堂。她曾经为新人举行过雪地上的婚

礼，举行过热气球上的婚礼，还曾经为不少的新郎设计了浪漫的求婚。许多人都称她为“浪漫的魔术师”。

将近30岁的她，也即将步入婚姻的殿堂，很多人都对她的婚礼充满了好奇，是啊，这样一个浪漫的魔术师，必定会为自己准备最浪漫的婚礼。她也很期待，对于婚礼，她也像许多女人那样，有自己的憧憬，有自己的梦。她的婚礼一定要在蓝色的海边举行，一定要有一大束蓝色妖姬，一定要有满世界的薰衣草，整个婚礼都充满蓝色和紫色交织的浪漫，那感觉像爱琴海，也要像多瑙河。

可是，她的爱人却是一个标准的IT工程师，有些木讷的他，没有情调，也不懂浪漫，有时她明明已经明确表示自己想要什么了，他却依旧无动于衷。婚礼如期而至，没错，婚礼是她梦想中的婚礼，她亲手为自己制作了婚纱，亲手为自己制作了手捧花，婚礼上的一切东西，要么是她亲手设计，要么是她亲手制作的，大到婚礼的布幔背景，小到婚礼上的喜糖盒。这场独一无二的婚礼有着薰衣草的浪漫，也有着海一样的激情。

他手捧一大束蓝色妖姬单膝跪地，她的脸上浮现出新娘幸福的笑容。当司仪用慷慨激昂的语调说，“新郎你现在可以亲吻你的新娘了”，他把她轻轻揽在怀里，在她耳边低语了一声，她先是一愣，然后眼泪止不住地掉了下来。他抱着她，发誓今生要好好疼爱她。

多年之后，他们有了爱情的结晶，生活美满幸福，女人把自己的房间布置得温馨浪漫。他们偶尔旅行，偶尔烛光晚餐，令人十分艳羡。很多人都觉得，她是那么浪漫的一个人，而他木讷呆板，怎么可能生活在一起呢？还有当年他在她耳边说了什么，让她泪流满面，甘愿和他共度一生呢？

女人道出了这个秘密，当年他在她耳边说：“对不起，让你做了我应该做的事情。”

就是这样简单的一句话，让女人泪流满面，她说只要他知道自己做的这一切，知道感恩，自己负责来策划这一辈子的浪漫，又有什么不可以呢？

生活，就是两个人的生活，想要怎么度过，完全看你自己，没必要规定谁应该做什么，谁不应该做什么，生活如果总是这样下定义，还有什么意义，还有多少乐趣呢？

油盐酱醋茶和玫瑰花

有人询问一位生活幸福美满的老人，向她讨教幸福生活的秘诀，她只说油盐酱醋茶和玫瑰花。作为一个女人，恐怕早起就是这五件事：油盐酱醋茶。这五件事把许多的女人牢牢拴在了家里，禁锢了她们的自由，也剥夺了她们生活的乐趣。那么，玫瑰花呢？玫瑰花是生活的浪漫，是生活的激情，是生活的新鲜感，有了它，油盐酱醋茶也会多一些滋味，多一些乐趣的。

如果你爱生活，如果你厌倦了枯燥的油盐酱醋茶，那就买一朵玫瑰花吧。你会发现，可能一整天你都会因为这朵玫瑰花的存在，而保持一个美好的心情。

当你想要浪漫的时候，不妨听听下面的这些小建议。

1. 想，那就告诉他

很多女人总是觉得男人就应该制造浪漫，男人就应该知道自己想要的是什么。可是，男人真的不知道。如果你想，那就告诉他吧，两个人生活没有什么是不能说的，与其你自己一个人生闷气，还不如明白告诉他，让他去制造浪漫呢。

2. 自己替他又何妨

生活的重担大部分都是在男人的肩膀上，男人在外打拼也是很累的。如果你真的想要浪漫，自己代替他又能如何呢？可以偷偷订两张外出旅行的机票，也可以偷偷团购西餐厅的烛光晚餐，他会感激的。说不定，下一次偷偷做这些事的人就是他了。

3. 浪漫的纪念日

生活如果有太多的浪漫，也会失去浪漫的味道。两个人不妨做一下约定，约定当恋爱纪念日或结婚纪念日的时候，一起浪漫一次，特殊的纪念日嘛，还可以加上两个人的生日。这样一来，一年中就可以有好几个浪漫的“约会

日”，这也是非常值得期待的。

男人的脑袋里总是装着实际的东西，他们粗枝大叶，可能也注意不到这些生活的小细节。身为女人的我们，要学会理解。生活是什么样子的，这要看你把它变成什么样，如果你想要浪漫，你的生活就一定会是浪漫的。

嫉妒是心灵的毒药

在这个世界上，有一个东西是心灵的毒药，人在不知不觉中就会沾染上，它侵蚀着人的心灵，遮挡着心灵的阳光，让原本平静的生活变得波澜不断。这种毒药就是嫉妒。嫉妒是女人的天敌，而这天敌又时常找上女人，令女人不满足、不愉快，会憎恶、会愤怒，打破女人原本美好的生活。如果你是个聪明的女人，那就告别嫉妒，因为它真的是心灵的毒药。

莫让嫉妒腐蚀心灵

每当提到女人，好像总是与嫉妒分不开。嫉妒光顾女人的时间要比光顾男人的时间多得多，女人的嫉妒来源于生活的方方面面：看到别的女人漂亮的容貌，而自己怎么化妆都得不到，女人嫉妒；看到别的女人苗条的身材，而自己怎么减肥都得不到，女人嫉妒；看到别的女人拥有跑车钻戒，而自己的男人买不起，女人嫉妒；看到别的女人婆媳关系十分融洽，而自己和婆婆犹如针尖对麦芒，女人嫉妒；看到别的女人的孩子有出息，而自己的孩子贪玩懒惰，女人嫉妒。生活似乎给予了女人太多太多值得嫉妒的事情，如果每件事情都如此的话，那叫女人如何幸福地生活呢？

在莎士比亚的作品中，嫉妒被称为“绿眼怪兽”，这种绿眼怪兽总是会侵

蚀女人的心灵，给女人的心灵蒙上一层毒液，让女人看不到自己的幸福，感受不到自己的快乐，徒增了生活的烦恼。

杂志编辑社里的小编们个个都漂亮动人，女人们，在一起聊天八卦的内容无非就是哪家店里的衣服漂亮，哪家鞋店又上了新品，明天和男朋友去哪里约会。她向来是不合群的，因为女人们谈论的漂亮衣服、鞋子，她都买不起，讨论和男朋友去的高档场所，她和自己的男朋友更加消费不起。

这天，女人们又开始"开会"了，忽然说到"草莓倾心"，是一家西餐厅刚刚推出的新品饮料。她无意中听到了，随口问了一句："在哪里？"编辑社有一位大姐心直口快，直接就说了一句："说了你又舍不得去。"一句话让她的脸直接红到了耳根，那位大姐也觉得自己说错了话，场面一下子变得很尴尬，谁都不说话了。整整大半天的时间，她都没抬头，下班的时候，她也一个人悄悄地走了。男朋友早就骑着自行车过来接她了，她也不知道哪里来的脾气，就是不坐自行车，硬是一个人走回了家。到了家，他问她到底怎么回事，她气鼓鼓地直接说："我要喝草莓倾心，你能给我买吗？"

这天晚上，她知道自己不应该跟他生气的，可是心里还是难受，就这样气着气着竟然睡着了。晚上十点多的时候她醒过来，发现男朋友正用一种温和的目光望着自己，见她醒了，给她端过一杯饮料，她尝了一口，凉凉的，红茶里透着草莓的香气。她诧异地望着男朋友问："这是什么？"男朋友回答说："这就是你说的草莓倾心啊，我在网上找了配方给你做的，好喝吗？"那一晚，她知道男朋友买来这些材料，准备了整整三个小时，不停地试，才做成了一杯草莓倾心。

后来，他们结婚了，结婚之后，她仍旧买不起同事们说的漂亮衣服和鞋子，也无法光顾她们说的那些餐厅。可是，她也品尝过别人从未品尝过的美味，比如说芒果冰激凌、水果小蛋糕等。她的日子过得依旧清贫，可她丝毫不介意了，她怀孕了，一个好友陪着她去逛超市。好友不禁问她，看着自己的同学、同事过得都比自己好，她们有的没有自己有学历，有的没自己学历高，她心里难道不难过吗，就不想想做点儿什么，改变一下现状？

她摸摸自己的肚子，淡淡地笑了笑，说，从那杯草莓倾心开始，她就对自己的爱人倾心了，幸福，不是看房子有多大，而是看房子里的笑容有多甜。

可能她下半辈子依旧清贫，可她下半辈子注定是幸福的。

是啊，房子可能是别墅豪宅，可没有笑声的存在，也只能是一座冷清的冰窖，毫无生趣。如果你总是嫉妒别人比自己好的，比自己强的，比自己多的，那你的心灵也只能是一座冰窖，没有丝毫的乐趣可言。嫉妒是会腐蚀人的心灵的，不如看淡一些，别人有的，自己可能真的没有，可别人没有的，自己可能一直拥有啊，当你在羡慕嫉妒别人的时候，说不定你自己也成为了别人羡慕和嫉妒的对象。人生几十年，何必纠结于和别人比较，自己开心，自己快乐，自己幸福，这就足够了。

让嫉妒成为前进的力量

总说让女人放下嫉妒，可是女人天性就是小心眼儿，怎能说放下就放下呢？关于嫉妒这种毒药，能放下当然是好的，可如果放不下呢，那就好好利用它吧。

女人为什么会嫉妒？还不是因为想要得到更多美好的东西，想要得到别人已经拥有的美好的东西。如果真的想得到，那就自己争取吧，自己争取来的，才不会像蒸汽一样轻易挥发掉。小小的嫉妒可以让女人更加坚强，更加勇敢，更加大胆地追求自己想要的一切。这不失为一种积极向上的动力。

但是，可千万不要忘了，如果想要化嫉妒为力量的话，还需要注意以下几个问题。

1. 控制自己的欲望

欲望是一个填不满的无底洞，当总是嫉妒别人，想要得到别人美好的东西时，你不断地争取再争取，结果让自己越来越不满意，从此生活也失去了乐趣。所以，别忘了不要让自己的欲望太强烈。因为有些东西，真的不是生活的必需品。

2. 保留自己的善良

利用嫉妒心，让自己积极向上，去奋斗、去努力，而不是说让你用嫉妒心去剥夺别人拥有的东西。利用嫉妒心的同时，也需要保留自己的善良，不能因为别人拥有的东西自己没有，而去伤害别人。

女人的嫉妒心是可怕的，不要让自己的心灵沾染上这种毒药，因为那真的是一件很可怕的东西。当自己嫉妒别人的时候，何不把嫉妒转化为前进的动力，让自己变得越来越优秀，变得越来越好呢？

修剪欲望，才能停留在幸福的港湾

女人，一生中莫大的幸福便是有一个温暖的港湾，能够为自己遮风挡雨，能够为自己提供爱和温暖。可是，有太多的女人面容憔悴地说：“我不幸福。”如果你也觉得自己不幸福，那就审视一下自己，是不是内心有太多太多想要的东西呢？如果是，那么，这就是你觉得不幸福的原因。欲望就像是内心的杂草，缠住了划向幸福港湾的小船。如果你还想继续前行，那就学会修剪自己的欲望吧。

欲望，杂草般蔓延

有人说，如果人没有欲望，那就失去了生活的热情，失去了追求的力量。可是，如果欲望太多，也会给人造成困扰的。正所谓欲壑难填，欲望的深渊很难填满，一味追逐，只能让自己掉入欲望的深渊里难以自拔。

女人，你为什么不幸福？你想要一套漂亮的礼服，当爱人给你送来了礼服，你又想要一个名牌包包；当爱人送来了名牌包包，你又想要一颗套在手指上的大钻戒；当爱人买来了钻戒，你又想要一套宽敞明亮的大房子；当爱人买来了大房子，你又想要去国外旅行……总是有那么多想要的东西，试问，哪个男人可以不厌其烦地为你准备呢？又有哪个男人有如此的实力能够不断地为你准备呢？

花园里的草总是要及时修剪，否则就会杂乱无章。而欲望就如同内心的杂草一般，如果不及时修剪，也会在内心深处不断生长，不断扎根，不断滋扰我们的心绪，让我们远离幸福。

从前有一个渔夫，有一次，他出海打渔，不知道为什么这一天运气非常不好，没能捕捞到鱼，终于在最后一次撒网时，他捞到了一条漂亮的金鱼。金鱼苦苦哀求渔夫放了自己，他想要什么，它就会送给他什么。渔夫什么都没有要，把金鱼送回了大海，他回到了家里，向自己的妻子诉说了这件事，哪知妻子可不是随随便便打发得了的。

妻子向金鱼索要一只木盆，因为她的木盆旧了，渔夫去寻找金鱼，金鱼叫渔夫回到家中，结果家里真的有了一个新的木盆。

妻子又想要一座大房子，渔夫便又去找金鱼，金鱼还是叫渔夫回到家里，结果他们的木屋不见了，变成了豪华的大房子。

妻子又想要成为一名贵妇人，渔夫便又去求金鱼，金鱼安慰了渔夫，让他回到家中，妻子果真成为了贵妇人，身边有多名仆人伺候着。

可妻子当上贵妇人没有几天，就又厌倦了，她让渔夫再次去找金鱼，这一次，她想要做女王，渔夫只能再次找到了金鱼，金鱼尽管为难，可还是满足了妻子的要求，让她成为了女王。

可当上女王的妻子也没有满足，她再次找来了渔夫，要他去找金鱼，这一次，她想要做海上的女霸王，她要求金鱼成为她的仆人。渔夫无奈，只能再一次去找金鱼，可这一次金鱼什么都没有说。当渔夫回到家中，家还是原来的小木屋，妻子还是穿着原来的破衣服，手底下还是那个破木盆。

渔夫妻子的欲望不断地滋生蔓延，她永远无法满足，到最后金鱼生气了，一切还是回到了原来的样子。一个总是有欲望的女人，就如同渔夫的妻子那样，可能真的能够得到一时的富贵，可那并不是真正的幸福，只要内心还有不断的欲望，她就不会感觉到幸福的。

女人，时常审视自身吧，看看自己是不是欲望太强，是不是欲望太多，以致让欲望的枝蔓缠绕住了划向幸福的船桨。时常修剪欲望，你就会驶向幸福的港湾。

知足的女人最幸福

有些人其实生活在幸福中，只是她不知道罢了。幸福，其实很简单，有衣穿，有饭吃，有房子住，有工作，这就是最简单的幸福。

都说知足常乐，这句话放在今天这样的环境中再合适不过了。知足的人才能懂得感恩，知足的人才能享受生活，知足的人才能了解幸福的真正含义。做一个知足的女人吧，你或许没有豪宅，或许没有钻戒，可你拥有一个属于自己的小窝，有一个疼爱自己的老公，这就够了。

如果你总觉得自己不幸福，那你不妨看看自己是否符合以下条件。

1.拥有一份稳定的工作，可能挣得不多，可每月给自己和爱人添一套衣服，在外面吃一顿大餐绰绰有余；2.拥有自己的小窝，可以不大，可睡觉、做饭、沐浴；3.拥有一个爱人，他可以不高、不帅、不多金，但对你关怀备至，将你捧在手心；4.曾经有人送玫瑰给自己，可以只是一小朵，却让自己开心了一整个星期；5.会有人记得自己的生日，可以不多，但每一个人都是最真心的亲人或朋友；6.父母疼爱自己，他们不一定每天嘘寒问暖，可每当自己遇到麻烦的时候，他们一定是世界上最心疼自己的人；7.有三五个好友，不一定每天腻在一起，可总是一起分享快乐，一起承担痛苦；8.有一个健康的小宝贝，他学习成绩可能不是第一名，可他健康、聪明、可爱，依赖你。

如果以上的条件你符合三项，说明你是一个幸福的女人；如果你符合四项，说明你是一个很幸福的女人；如果你符合五项，说明你幸福得令人羡慕；如果你符合六项，说明你幸福得令人嫉妒；如果你符合六项以上，说明你是世界上最幸福的女人，你什么都不缺，缺的只是一颗满足的心。

仔细想想看，其实很多你奢望的东西都是不必要的，豪宅，一个人住在里面难道不觉得冷清吗？钻戒，难道婚姻的幸福是看钻戒的大小吗？学会满足吧，不要让欲望缠绕划向幸福港湾的船桨，只有学会满足，你的幸福才会马上到来。

宠辱不惊，淡定地面对成与败

宠辱不惊，闲看庭前花开花落；去留无意，漫随天外云卷云舒。多少哲人、圣人以及普通人，都在追求这样一种境界呢？人活在这个世界上，成功在前，微笑以对，失败在前，亦微笑以对，是何等从容，何等优雅呢？一把藤椅，一杯花茶，看着庭前的花开花落；一片草地，一棵大树，望着天边的云卷云舒。人生，何不潇洒走一回呢？

笑对宠辱，静观成败

人生，有喜悦，也有悲伤；有辉煌，也有落魄；有成功，也有失败。一个人的人生，若只有喜悦，喜悦也就变成了平淡；若只有辉煌，辉煌也就趋于普通；若只有成功，成功也就失去了意义。人生需要丰富一些，需要喜悦，也需要悲伤；需要辉煌，也需要落魄；需要成功，也需要失败，正是因为这些事物都存在，人生才会丰富多彩。

有的时候，喜悦往往躲在悲伤的身后，如果你勇敢一些、坚强一点，翻开了失落的篇章，喜悦也就展现在你眼前了。成功也是如此，它常常躲在失败的影子里，叫你看不见、摸不着，然后当你咬牙坚持下来的时候，成功也就出现在你的面前了。而有些时候，你掀开了自己的绚丽篇章，可是当繁华落尽，可能连一星半点的掌声都没有，不要苦叹，你也无须苦叹，毕竟你曾经繁华绚丽过，而有些人却从未体会过这种感觉。

她是一名服装设计师，23岁荣获青年设计大赛一等奖，进入知名公司成为设计师，26岁成为该公司的首席设计师，27岁前往巴黎参加设计大赛并拿下优秀奖。如今的她，29岁，风华正茂，开办了自己的设计公司。她对时尚轻车熟路，多少热极一时的女性流行服饰从她手下产生，她被圈内誉为“流行教主”。

正所谓高处不胜寒，似乎是拥有的荣誉太多，她面临的压力也越来越大。她参加国际比赛，却被自己公司的一名设计师告上了法庭，告她抄袭作品。外界对她的支持声是非常高的，都说告她的人是想借助她的名气向上爬而已，可是结果让人大失所望，她败诉了，因为对方的证据实在是太充分了。法院判处她赔偿各项损失共30万，并公开道歉。更令人惊讶的是，她没有上诉，将赔偿第一时间给了原告，并且公开道歉。这一切，让所有关注她的人瞠目结舌，所有的人都在背后辱骂她，原来她只不过是一个抄袭者，枉自己平时那么崇拜她。

大家以为她会出国，再也不回来了，毕竟抄袭在设计圈里是非常丢人的。可她没有，她依旧我行我素地生活，依旧穿着时尚、参加Party、组织聚会，好像在她身上什么都没有发生似的。可是，人言可畏，随着败诉，她的公司也无法运转了，她只好把公司低价转让出去，然后一个人继续生活。没有人知道她在忙些什么，见过她的人都说，她不是在遛狗，就是在逛商场，要么就是在咖啡厅里看杂志，日子似乎过得十分悠闲。

很多人都觉得十分诧异，在二十几岁的时候，她享受着外界给予她的高度评价，围绕她的是鲜花和掌声。而她突然坠落，遭受外界的质疑和诋毁。从天上掉到了地下，这是一种多么惨重的打击啊，但她没有躲起来，也没有东山再起，而是一个人享受着自己的生活！

几年之后，有人再次见到她，发现她的身边多了一个两岁的宝宝，她结婚了，开了一家饰品店，这家饰品店十分红火，里面的饰品大部分都是她亲手设计的，世间独此一件，怎能不吸引人呢？后来一家杂志社的编辑采访她，问起她当年的事情，她很坦然地回答说，其实那件作品只是借鉴了她的一些思想，原本是以团队的名义参加比赛，可主办方不允许，觉得她名气大，所以只标注了她的名字，她就这样阴差阳错地成为了“抄袭者”。编辑问她为什么不上诉，或者东山再起，向外界证明自己的实力。

她坦然一笑：“何必呢？人生随意就好，成功，我接受，失败，我也接受，如果总是成功，我也会难以抵抗那种滚滚而来的压力的。”

人生，需要等待

其实，人生对于每一个人来说都是平等的，机会平等，机缘平等，只是有些人不愿意等待。如果拥有一份宽广的胸怀，能够等下去，愿意等下去，属于你的辉煌、你的灿烂，也终将会到来。

人生，需要等待。当你身处失败，屡遭屈辱的时候，那便是你需要等待的时候，很多人都是不愿意等，所以才没迎来人生的辉煌。当你身处成功，屡获荣耀的时候，也是你需要等待的时候，很多人加快步伐，大步前进，结果让荣耀过早衰退了。

胸怀宽广一点，心绪宁静一点，微笑着，从容地面对生命所给予的一切，相信任何一个人的人生都是美丽多彩的。

如果你觉得很难，那就试着按照以下的建议去做吧。

1. 身处荣耀时，淡定

身处荣耀，这是任何人都想拥有的时刻，不要骄傲，更不要炫耀。告诉自己，这只能代表过去，代表着自己或许比别人多一些幸运而已，如果此时昏了头，荣耀便是转瞬即逝的星星，很快就坠落了。

2. 身处低谷时，鼓励

身处低谷，这自然是谁都不愿意经历的事情，不要悲伤，更不要气馁。告诉自己，这是黎明前的黑暗，每一个黑暗的夜晚都会孕育着一个美丽的清晨。不经历风雨怎能见彩虹。坚持，等待，鼓励自己，胜利终究会到来的。

3. 身处平淡时，微笑

身处平淡的生活，不悲不喜，不要感叹自己为何生活平淡，更不要感慨为何自己不能享受荣耀。提醒自己，当自己生活平静的时候，有很多人正在失败的低谷中挣扎，还有很多人正在成功的高椅上不知所措，随时有坠落的危险。而你的平淡，更能让你享受生活。

幸福，不需要炫耀

有人喜欢炫耀自己的腰缠万贯，有人喜欢炫耀自己的荣誉万千，有人喜欢炫耀自己拥有的过人成就，而有人喜欢炫耀自己的幸福。过生日收到99朵玫瑰，觉得幸福便炫耀一下；情人节收到LV的包包，觉得幸福便炫耀一下；过节日的时候，收到万千的祝福，觉得幸福便炫耀一下。可是，当你在炫耀幸福的时候，真的觉得幸福吗？真的觉得幸福需要炫耀吗？其实，幸福，是不需要炫耀的。

藏在花苞里的幸福

这是女人的联盟，每隔一段时间就会有一次聚会，大家畅所欲言，听老师讲幸福之道。又是女人们的聚会，女人们的聚会自然少不了聊天。

“看我老公给我新买的钻戒，可是全国限量的呢。”

“我上星期过生日，我老公给我买了一个最新款的LV，把我给激动的呀！”

“你们都太庸俗了，七夕的时候，我老公整整给我买了99朵玫瑰呢，那么一大束，浪漫死了。”

“我上星期都没来参加聚会，我去德国旅行了，这一趟可把我累坏了。”

……

女人们都在炫耀着，唯独角落里有一个女人没有参与进来，听到别人说的话，她也只是淡淡一笑。有人发现她一直沉默不语，便询问她最近的状况，她轻声说，还好吧。女人们都不再问了，有的女人窃窃私语，她必定是家里出了什么事，否则她怎么会每次都不发言呢，每次都只是在角落里听一听。有人说可能她已经离异，有人说可能她被家暴，还有人说可能他们夫妻之间的性生活不和谐。总之说什么的都有，这些话，她偶尔也会听到一些，只是都全然不在乎，当作耳边风也就算了。

下一次聚会的时候，她还没来，一个女人对着大家就喊："哎，你们知道吗？那个据说被家暴的女人，她的来头可不小呢！"

一句话引来了大家的兴趣，她们立即围绕住这个女人听她继续说。"那个女人根本没有离异，也没有被家暴，更没有什么和老公性生活不和谐，她简直是天底下最幸福的女人！她老公是一家珠宝行的老总，身家过亿，她是当之无愧的豪门太太！都说有钱的男人个个花心，可她老公那是出了名的好先生，对她痴情一片，别说是在外面胡搞，就是在外面喝酒玩乐，都是很少的，即便是有应酬，也必定会先请示她！她公婆对她也是百般疼爱，当自己亲闺女一样。"

女人们简直要嫉妒死了！说着说着，她来了，依然是款款信步，依旧是笑容满面。忽然那个女人拉住她，要她传授幸福之道，问她是如何得到这么多幸福的。

她先是一愣，然后笑了笑，随手摘下了花瓶中含苞待放的玫瑰。

"你们看，所有的花朵都是先展开最外层的花瓣，这是因为幸福藏在花苞里，它们为了绽放自己最美的姿态才把幸福包裹了起来。如果你提前掰开了花苞，花还是可以绽放，可是它的姿态就逊色多了。所以说，幸福应该藏在花苞里，是不需要炫耀出来的。"

听了她一番话，其他的女人们都羞涩地低下了头。

花朵习惯于把幸福藏在花苞里，是为了能够以最美的姿态呈现在众人面前。女人，也应该习惯于把幸福藏在自己的心里，这也是为了以最美、最优雅的姿态呈现在众人面前。一味炫耀，只能让原本的幸福大打折扣。而且，能够炫耀出来的幸福，真的是长久的幸福吗？

钻戒、名牌包包、化妆品、大牌的服饰、跑车、别墅，这些都可以炫耀出来，可是难道这些真的可以和幸福等值吗？戴着钻戒，难道代表美满的婚姻？名牌的东西，难道代表体贴的爱人？住在别墅，难道就代表有一个幸福的家庭吗？不是的，这些都不能代表什么，它们只代表金钱，而金钱可以买来一切，却唯独买不来幸福。

炫耀的后来

很多女人，习惯于炫耀自己的幸福，可是，为什么女人习惯炫耀呢？是为了让自己更幸福吗？还是为了让别的女人羡慕，让别的女人嫉妒？相信大部分女人炫耀是为了后者。心理学上说，当别人投来羡慕抑或是嫉妒的目光时，人的内心会得到一种满足。是啊，仅仅是为了这种心理上可有可无的满足感，就去炫耀自己的一切，真的不是一种幼稚的行为吗？

炫耀的后来是什么？当有人嫉妒到极点，会来破坏你的幸福；当有人小小地嫉妒，便会讥讽两句，给你带来不快；当有人不觉得你这是幸福，冷眼相对，更会让你觉得尴尬。那么，我们的炫耀又得到了一些什么呢？本意是炫耀幸福，却招来了那么多不快活，我们还炫耀它做什么呢？

醒醒吧，真正幸福的人，是不会把幸福挂在嘴边的，只有真正不幸的人，才会打肿脸充胖子，生怕被人窥见自己的孤单和软弱。

如果你真的觉得幸福，那就用另外的方式去“炫耀”吧！

1. 微笑面对全世界

一个幸福的女人，必定是笑容满面的，那种幸福是由内而外不自觉地发出来的，那种笑容是最美丽的。如果你觉得自己幸福，那就微笑吧，尽情地微笑，对每一个爱自己和自己爱的人微笑，对每一份陌生的目光微笑，微笑着向全世界“炫耀”自己的幸福。

2. 让更多人感受幸福

有一句话是这样说的，穷则独善其身，达则兼济天下。如果你是一个幸福的人，那就“兼济天下”吧，让更多的人能感受到幸福。做一个善良的人，去帮

助别人，尽你所能地提供帮助，让更多的人感受到幸福。

幸福，没有必要炫耀，真正的幸福也不是能炫耀出来的。女人，清醒一点儿，低调一点儿，你的幸福就会更多一点儿，更长久一点儿。

第七章

向日葵，对着阳光微笑

它们是太阳的化身，它们代表阳光，代表积极向上，代表着世间一切灿烂的东西。灿烂的阳光花束，将阳光藏在自己的心里，向世人展示自己最美的笑容，它们的笑脸永远对着太阳，永远追随着阳光的脚步。女人，也应如一朵美丽的向日葵，对待生活积极向上，对待人生微微一笑，永葆一颗阳光的心，不计较、不吵闹、不执拗，就是那么自然，就是那么随性。女人，把自己的笑脸扬起来，对着阳光，对着生活，对着人生，微笑吧。

清晨醒来，给自己一个微笑

清晨，柔软的阳光穿过淡紫色的窗帘，柔柔地洒在了软软的棉被上，当然也洒在了女人娇嫩的面容上。缓缓地睁开眼睛，微微眯起一条缝，看向窗外，然后给自己一个微笑，嘴角轻轻上扬，白白的牙齿微露，眼睛眯成了一道月牙。你会顿时觉得身体似乎充满了活力，想要立即起来迎接崭新的一天。清晨，从一个微笑开始吧！

面对镜子，嘴角上扬45°

一天之计在于晨，清晨，或许伴随着失眠醒来，或许伴随着噩梦醒来，或许伴随着闹钟的吵闹声醒来。许多人清晨醒来，总是眉头紧蹙，因为天亮了，表示又要起床，又要工作，又要面对一整天的纷纷扰扰了。于是，明明经过了一夜休整已经充满活力的身体，却因为内心的极度厌恶和排斥而又开始疲惫了。这种疲惫完全是心理因素造成的。

此时，很多女人的脑海中出现了这样的情形："我昨天工作到十二点钟才睡觉的，我严重睡眠不足""我昨天虽然正常下班，但是工作量却是平时的五倍，所以我现在很疲惫"……脑海中不断浮现着昨天的情形，于是很多女人理所当然地请假，准备当天美美地休息，"补偿"一下自己。仔细想想，你有没有过很多个这样懈怠的清晨呢？

一个优雅的女人，在清晨醒来，从不会去抱怨昨天的疲惫，在她们的脑海中出现的永远都是今天的精彩，而自己对此充满了期待。昨天，再苦、再累、再难熬，终究已经过去，时光不会倒流，不会回到过去。可是，今天还没有发生，对这即将展开的美好的一天，如果你抱着美好的期待，会不会有一些不一样呢？“今天或许一个想念许久的朋友会来看我”“今天或许老板会因为我昨天的辛苦而嘉奖我”“今天或许提前下班可以去买那双心仪已久的高跟鞋”“今天或许还会有许多美好的事情发生”……当你想到这些，是不是已经充满活力，迫不及待地想要度过今天了呢？

小雅刚结婚不久，有着令人艳羡的爱情和家庭。小雅是一名美工设计师，因为蜜月旅行，手头留下了太多的工作，她不得不拼命地赶出来，熬夜熬了整整半个月的时间，她总算是把积压在手里的工作做完了。可是，自从工作做完，她就再也提不起精神了。她觉得自己太累了，太想要休息，于是就向老板请了一个星期的假。在这一个星期里，她每天都睡到自然醒，醒了便找东西吃，玩一会儿累了，又开始睡觉，她觉得这样才是休息。可是一个星期之后，她工作的时候还是十分疲惫，没有精神。似乎就像是一个魔咒，清晨总是让她十分不悦。

于是，小雅又请了一个星期的假，结果还是没能休整过来。朋友建议她去看一看心理医生，小雅去了，心理医生什么都没说，只是告诉她，按时上班，每天早晨站在镜子面前，将自己的嘴角上扬45度，默念：“今天是美好的一天。”

小雅不以为然，她觉得心理医生是在骗人，可是抱着试一试的心态，她还是照做了。一个星期过去了，小雅已经不需要用手扯开自己的嘴角了，她已经完全可以自主微笑，嘴角轻轻上扬。那个时候小雅觉得自己很美，尽管穿着睡衣，头发凌乱，小雅依然觉得镜子前的自己是那么美丽，充满着女人的独特韵味。然后她便迅速换好衣服，化好淡妆，让自己看上去更加精致动人。

一个月后，小雅已经完全摆脱了清晨的魔咒，但她仍然保留了出门前面对镜子微笑的习惯，那个微笑，就是帮助她摆脱魔咒的魔法。

这就是微笑的魔力。或许你觉得它是在骗人，这些都只发生在故事里，或许你觉得对着镜子微笑是一种很傻的行为，可是它真的可以驱走一个人的疲惫和倦怠，让一个人的内心充满阳光。微笑的魔力，就在于你的相信，如果你

不相信，那么你的微笑是假的，又怎么可能达到预期的效果呢？相信微笑的魔力，给自己一个真实而灿烂的微笑吧，你会爱上那个微笑的自己的。

美好的一天，从微笑开始

如果可以选择，你是选择一个忧郁疲惫的清晨，还是选择一个阳光活力的清晨呢？相信人们都会选择后者。在这个快节奏的年代，谁没有压力，谁没有烦恼，谁没有忧愁呢？想得再多那又怎样？难道把自己搞得忧郁和疲惫便可以缓解压力、解除烦恼、消除忧愁吗？忧郁疲惫也是过，阳光活力也是过，为何不选择后者呢？

如果你也希望自己的清晨充满阳光和活力，那就从一个微笑开始吧。你可以优雅地笑，可以腼腆地笑，可以顽皮地笑，还可以不顾一切地哈哈大笑，笑是你的自由，选择怎么笑更是你的自由。当笑声回荡在房间里的时候，你会有一种豁然开朗的轻松感，这种轻松感会带走你全身的疲惫，也会给你带来一整天的正能量。

关于清晨的微笑，似乎还有以下几点是需要一个爱生活、爱优雅的你时刻谨记的。

1. 不要失望，要充满希望

有些人的确这样做了，在美丽的早晨给自己一个完美的微笑，告诉自己今天是美好的一天，可是这一天却被许多的烦恼困扰住，于是失望，质疑微笑的魔力。这个时候，一定要相信，美好就在糟糕的身后，说不定什么时候就会来到你身边，今天没来，还有明天，明天没来，还有后天，终有一天会来的。因为，惊喜总是伴随在美好的心情左右，如果你的心情很糟糕，好事情就会被你吓跑的。

2. 一枚硬币的力量

还记得《十八岁的天空》里，那位搞怪的老师每天都会向自己的瓶子里扔一枚硬币。如果硬币顺利进入瓶子里，他就充满力量，认为今天是美好的一天；如果硬币没能顺利进入瓶子，他同样充满力量，认为今天是充满挑战的一天，他要斗志满满，迎接挑战。亲爱的你，不妨也扔一扔硬币，不管怎样，你都是充满力量，满脸阳光的。

3. 不要输给闹钟

每天清晨喊你起床的，不应该是闹钟，而是伟大的梦想。生活不能没有梦想，应该感到庆幸，自己是一个有梦想的人。别输给自己定的闹钟，你可以把闹钟的铃声换成轻柔或是欢快的音乐，让自己醒来也是伴着微笑的。

人的一生何其短暂，是蹙着眉，还是绽放笑脸，就看你自己的选择喽……

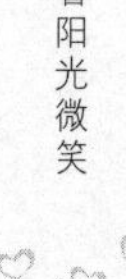

阳光般的心，阳光般的世界

阳光正好，灿烂明媚，天底下有谁不喜欢阳光呢？春天里，沐浴在温暖的阳光下，那是一种惬意；夏天里，感受着太阳的热情，那是一种明媚；秋天里，迎着秋风与天空一起成长，那是一种感悟；冬天里，晒着暖暖的阳光，那真的是一种享受。阳光真是好东西，如果我们的心里也充满了阳光，那整个世界都会是灿烂的。只有阳光般的心才会创造一个阳光般的世界。

不是社会黑了，而是你的心暗了

有人说，这个社会越来越黑暗了，充满了尔虞我诈，充满了令人作呕的潜规则。而人与人之间也失去了彼此的信任，面和心不和，今天可能是朋友，明天就有可能因为金钱利益关系变成仇人。如此黑暗的社会，让人们越来越憎恶，更是出现了一些愤世嫉俗的人，开始无情地谩骂，把黑的描述得更黑了，白的也让人不敢相信是白的。

其实，并不是社会越来越黑暗，而是人的心越来越黑暗了。人的心灵是社会的镜子，然而镜中社会的样子，并不一定是社会真实的样子。如果你的心里充满了黑暗，那你眼中的社会也是黑暗的；如果你的心里充满阳光，那你眼中的社会也是如阳光一般灿烂的。

女人，是敏感的，也是脆弱的，社会黑了，女人便绝望了。不，千万不要，只要保持一颗阳光而优雅的心，你的世界就会依然灿烂温暖。

铭铭算不上漂亮的女人，可绝对是一个热情如火的女人，她特别喜欢帮助别人，哪怕只是陌生人，她也愿意帮上一把，别人都说她傻，可她却说傻人有傻福。有一次，她和闺蜜一起坐火车去山东旅行，漫长的旅途中，闺蜜累了靠着窗户呼呼大睡起来，而她丝毫没有睡意。此时，铭铭早已注意到了，对面的男人时不时看看自己，偶尔想开口却又止住了。

火车又过了一站，对面的男人忽然碰了碰铭铭的手，他面露难色，显得十分紧张："妹子，我在火车站候车的时候，被人偷了钱包，你看能不能借我点儿钱？"

这个时候闺蜜也醒了，听到这个男的说的话，直接瞪了他一眼，一拉铭铭说："这种伎俩见得太多了，别理他！"

男人也显得有些局促不安，他急忙拿出了自己的身份证："这样吧，我把身份证押给你，手上这块手表是新的，虽说不值多少钱，但是我爱人送的，我丢了什么都不能丢了它，你看这样行吗？"

铭铭想了想，说："你需要多少钱？"

男人喜出望外："不多，五百块就够了，我回家之后马上就还给你。"

铭铭不顾姐妹的反对，从钱包里掏出五百块给了那个男人，随后男人留了铭铭的电话。下一站，那个男人就下车了。姐妹对着铭铭一阵数落："这种伎俩网络上早就公布了，我演得都比他像，你是真傻，还是装傻？"

铭铭也不反驳，心想，就当是丢了吧。两个人旅游回来，过了半个月，也没见那个男人打电话过来。姐妹还是时不时抓住机会就数落她一顿，铭铭也不还嘴，反正已经这样了。

这样又过了三个月，铭铭忽然接到了一个陌生男人的电话，约她见面，说是要还钱给她。铭铭带上男朋友和闺蜜一起去的。男人见了面急忙道歉，说是回家之后本想立即还钱的，可公司立即要他去美国参加培训，一去就是三个月，从美国回来，他就赶紧给铭铭打了电话。

铭铭和闺蜜回来之后，两个小姐妹在房间里聊天，闺蜜觉得十分惭愧，可还是觉得这样的事情太凑巧，下次绝对不能再干了，毕竟这个社会太黑暗，骗子实在是太多了。忽然铭铭一下子把灯关掉了，房间里一片黑

暗，闺蜜吓得尖叫一声，铭铭这才把灯打开了，并一脸严肃地说："是谁给房间里带来光明的呢？是灯，灯熄灭的时候，房间里是黑暗的，灯亮起的时候，房间里是光明的。就好比人心与世界，心里黑暗，世界也是黑暗的；心里阳光，世界自然也是阳光的。"

是啊，我们都应该阳光一点，正是因为人与人之间隔着太多的黑暗，才让这个世界越来越黑暗。所以，打起精神，带上阳光，去闯荡这个世界吧！

你能不能阳光一点儿

女人是脆弱的，也是敏感的，在感情生活中，稍发现一些蛛丝马迹，便能闹出轩然大波来。男人连续两天晚归，女人就怀疑他外面有人了；男人出去应酬，女人就怀疑他招惹了不三不四的人；男人嘴里多次提到了某一个同事，女人就怀疑他们有特殊关系。女人，总是在生活中寻找这些蛛丝马迹，难道活得不累吗？不知道有多少女人，寻来寻去，最后还是找不到丈夫出轨的证据，闹一闹，也便结束了。

前两年春节联欢晚会上的小品火了，那句台词也火了："你心里能不能阳光一点儿呢？"

是啊，女人，你心里能不能阳光一点儿呢？

连续两天晚归，男人真的可能是在加班，你应该多给他一些体贴，而不是质问；出去应酬，男人也真的不愿意，喝酒伤肝的道理他也懂，只是人情世故，他想躲也躲不过去的，你应该多一些信任，而不是猜忌；嘴里多次提到了某一个同事，真的可能是发自内心地钦佩，如果真的有特殊关系，怎么可能当面讲出来？

卸下自己的防备，让自己的心里阳光一点儿，这个世界也便是阳光的，也便是灿烂的。就好像我们赖以生存的太阳，正因为它的心里是熊熊燃烧的火焰，所以它面前才是一个光明的地球，如果某一天，太阳的心里也暗了，那么地球也就黑了。

女人，让自己心里充满阳光吧！按照以下的指示做，你会喜欢上这样的自己，也会爱上这样的生活。

1. 简单一点儿

很多问题其实并没有我们想象得那么复杂，当别人向自己请求援助时，不要纠结于他是不是骗子，到底有什么阴谋，只要是在你的能力范围内，又对你的安全不构成威胁，那就帮他一把，助人乃快乐之本，你会得到真正的快乐的。

2. 选择相信

一个女人如果太信任自己的男人，就会被其他女人称为傻瓜，其实，这些整天猜忌的女人才真的是傻瓜。恋人之间本来就需要多一点儿信任，连最起码的信任都没有，何谈共度此生呢？

心里阳光一点，世界便灿烂一片，聪明的你，必定也喜欢一个阳光灿烂的世界，相信你肯定会做出正确的选择的。

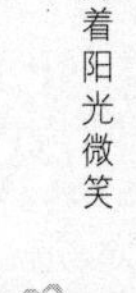

去运动吧，给自己的身体加加油

人们似乎总是把女人定义为散漫的代名词，认为女人生来懒惰，喜欢散漫的生活。而女人似乎也接受了这样的事实，认为慵懒是一种美，认为沉静是一种优雅，自己就打扮得美美的，像挂在墙上的画一样，静静地供人欣赏，不是也不错？虽然，这种想法无可厚非，可是人们似乎忘记了，运动也是一种美，那种美是一种动态的美，一种健康的美，一种充满阳光和活力的美。运动能让女人更健康，也更优雅。如果你时常觉得身心疲惫，如果你时常想要松一松慵懒的身躯，那就去运动吧，给自己的身体加加油，给自己的优雅也加加油吧！

运动让女人更优雅

洒满阳光的阳台，淡蓝色的碎花窗帘，一把雕花的木椅，慵懒的女人斜靠在木椅上，翻看着杂志。她眉头舒展，嘴角含笑，面容上带着淡淡的幸福感。这样的女人，谁能说不优雅呢？

没有人否认这样的优雅，静态画有静态画的从容和淡定，而动态画也有动态画的妩媚和多彩。运动，也是一种优雅。

清爽休闲的运动装，舒服的运动鞋，高高束起的马尾随着慢跑的频率一上一下地跳跃着，素面朝天，不施粉黛，嘴角带着灿烂的笑容——运动中的女人也独有一种别样的优雅。这种优雅让人觉得亲切，这种优雅让人想要接近，这种优雅让人如痴如醉。

运动中的女人是魅力四射、美丽无穷的。而运动又能给女人带来健康，以及更加完美的体形。慢跑，感受有氧运动的魅力；打羽毛球，在优雅的跳跃姿势中重塑颈线；练瑜伽，在一呼一吸间，体会身体与心灵的交汇，重塑完美的线条；普拉提，力量和柔美的完美结合，以刚克柔，以柔克刚；肚皮舞，充满异域风情的健身舞蹈，让人风情万种……

云是一个慵懒的女人，说她慵懒，是因为她总这样形容自己："我就像一只伶俐的白鸽，在浪漫的午后，慵懒地在广场上迈着优雅的步子。"她觉得女人就应该是静的，安静、沉静、娴静，应该如同一朵画中的鲜花，看一眼便似乎嗅得到芳香。

在办公室里，云很少出去走动，大家都说云很保守，也很内向，云也不否认，她觉得女人就应该是这个样子。25岁之前，女人的身形靠天生，即便是不刻意保养，也可以匀称饱满，可25岁之后，女人的身体开始慢慢走下坡路。云今年27岁了，她发现平坦的小腹开始有了赘肉，紧翘的臀部也因为长期坐办公室变得又扁又平，长期对着电脑，优美的颈线不见了，面部皮肤也开始粗糙。

云再也不好意思说自己是一只伶俐的白鸽。好友得知了她的困扰，便带她一起走进了瑜伽馆。云推托说"我可不喜欢运动"，好友回答说这是一种优雅的运动。抱着试一试的心态，云开始了瑜伽的练习，只一节课，她便爱上了这种优雅的运动。在冥想时，她觉得自己是世上最优雅的女人，在做体式时，她觉得这些姿势既美观又令人身心舒畅。

好友还告诉她，静静的女人令人遐想联翩，可运动中的女人更是魅力四射，更何况运动给女人带来的不仅仅是优雅，更是健康，生理和心理的双重健康。云开始爱上运动，她良好的体形又回来了，小腹又恢复了之前的平坦，臀部又再现了迷人的曲线。她又变成了那只白鸽，不是慵懒的白鸽，而是一只会飞翔的白鸽，在蓝天白云间优雅地飞翔。

女人，不论胖瘦，都可以是一个优雅的女人，但是，一个胖成圆球一样的女人，和一个骨瘦如柴、风吹即倒的女人，是无论如何也优雅不起来的。身形的匀称是优雅的基础，更是优雅的必备条件。

运动，健康的福音

任何人都需要运动，女人更是如此。运动可以给健康加油，还可以给优雅加分。一个优雅的女人，一定是一个爱运动会运动的女人，因为她们知道藏在运动里的秘密，知晓运动给身体带来的奥妙。

在运动之后，在香汗淋漓之后，舒舒服服泡个澡，洗去一身的疲惫，那是一种十分畅快的享受。

运动不仅可以塑造完美的曲线，更重要的是给女人带来健康。健康的身体是优质生活的前提，对于女人来说尤为重要。运动，可以排出身体里的毒素，促进新陈代谢，调节内分泌，让肌肤靓丽有光泽，让身体时刻保持青春活力。而运动更是缓解压力的神器，当生活的压力滚滚袭来，换上跑鞋跑一跑，穿上瑜伽服练一练，对修身养性、缓解压力最好不过。

运动的诸多好处就不一一言说，关于运动，还需要再提醒你几句。

1. 不要剧烈，要轻柔

优雅的女人走到哪里都是一道美丽的风景线，即便是运动时香汗淋漓，也会让人如痴如醉。女人想要完美的身形无可厚非，可选择剧烈运动就大错特错了。运动要讲究循序渐进，不可操之过急，否则只能让你的优雅烟消云散，还有可能损伤自己的身体。

2. 牢记运动的禁忌

运动并不是一件随随便便的事情。不要觉得它好处颇多，便盲目跟从。运动中有很多的禁忌，不同的项目更是有不同的禁忌。所以，想要运动，还是专业一点，请教请教别人吧，免得达不到效果，还伤了自己。

3. 别惧怕肌肉

女人害怕肌肉，结实的肌肉总让人无法与优雅联系在一起。这一点，完全不必担心，肌肉的增长是和身体的激素分泌有关系的，这就是为什么男人天生身强力壮，而女人则天生柔弱纤细，女人即使运动得再剧烈，也不可能长出男人那样结实大块的肌肉。而且，稍微紧实的肌肉会让女人看上去更加健康，肌肤更加亮丽。

拒绝运动，就是拒绝健康、拒绝优雅。去运动吧，给自己的健康加加油，为自己的优雅添添分。当你迈出运动第一步的时候，就会喜欢上它的，那种酣畅淋漓的感觉，相信只一次，你便再也忘不掉了。

学会释然，伤害永远属于过去

女人，天生就比男人记忆力强，这让女人有着缜密的心思，同时也容易让女人陷入过去的旋涡中而无法自拔。女人，应该学会释然，过去的已经过去了，而那过去了的永远都属于过去，何必让它继续影响自己的现在和未来呢？学会放下，学会释然，你会发现生活原本可以是多彩的。

放下，便是拥有

上天赋予了女人细心、多情的特质，同时也让女人敏感、易受伤、难忘怀。可能只是一个不经意的瞬间，触景生情，过去便又回到了脑海，让女人平静的心被搅乱，无法安宁下来。

女人柔弱，生来就容易受伤。哪个女人没有一点儿过去留下的伤害？可能是过去恋人的伤害，可能是过去朋友的伤害，还可能是过去父母的伤害。有的女人不敢触碰爱情，因为初恋给自己带来了莫大的伤害；有的女人提到家庭便伤心不已，因为父母离异给自己带来了太多的伤痛；有的女人不爱交朋友，因为最好的朋友的背叛，让她始终难以忘怀。这些伤害是可怕的，笔者的一个朋友几乎没有笑容，因为曾经的老师说她门牙很丑，她就再也没有开口笑过，慢慢地竟然忘记了如何展露笑容。

苏苏是个漂亮柔弱而又多愁善感的女孩子，用别人的话说，好像是现代版的林黛玉。苏苏不爱笑，不爱说话，甚至不爱见人。很多人都说这么漂亮的女孩子，年纪轻轻的，应该充满阳光朝气，可是她却一丁点儿都没

有。

爱慕她多年的男孩子也发现苏苏有点儿不一样，她总是躲着自己，不爱说话，更不爱笑，她曾经可是个活泼可爱的女孩子啊。后来，经过多方打听，他才知道原来苏苏有一段不堪回首的往事。那还是苏苏18岁的时候，她刚刚高考结束，带着高考结束的喜悦，她坐火车去找比自己高一届的初恋男友，结果在路上遇到了坏人，她被人强暴了。这对于刚刚18岁的苏苏来说，无疑是一种致命的伤害，甚至会是一辈子难以抹去的伤痕。之后，苏苏没有上大学，她害怕见人，也不愿意见人。之后经历了很长一段时间，她才勉强走出自闭的阴影。眼看着就到了结婚的年龄，可苏苏拒绝恋爱，毕竟曾经就是因为去找自己的初恋男友，才发生了这种事情。所以，她忘不掉。

知道了苏苏的过去，男孩很难过，为苏苏的经历感到伤心，他不嫌弃苏苏的过去，只想让这个女孩子和以前一样活泼和快乐起来。他用尽了自己所有的力气，去逗她开心，买她喜欢吃的、喜欢玩的，带她去游乐场。苏苏心情好多了，可当男孩子说出想和苏苏谈恋爱的时候，苏苏还是摇头拒绝，并迅速地跑开了。男孩也无能为力，可他不愿意放弃。

后来，他把她带到了沙滩上，她抓起一把沙子在手里玩，他忽然把她的手抓了过去。

“你看到了吗？过去就好像是你手里的沙子，你抓着沙子，手就不能抓别的东西，如果你一直活在过去的记忆里，就永远不可能拥有现在和未来的精彩。”

苏苏愣了一下，幡然醒悟：是啊，手抓着沙子就什么别的都抓不了，还不如把沙子扔掉，还自己的手自由呢。她点点头，流着泪，露出了灿烂的笑容。

人的手只有这么大，抓着粗糙的沙粒，就抓不住阳光和花朵，不如放手，还双手自由。人的心也只有这么大，空间是有限的，如果只储存了过去的痛苦记忆，也就没办法储存现在和未来的快乐和幸福了。

学会释然，让心自由，忘记伤害，放开过往，才能拥有整个世界。

为自己准备一个“垃圾桶”

不放下如何能得到呢？正所谓舍得舍得，有舍才会得。只抓住过去痛苦的回忆，是无法拥有现在和未来的快乐和幸福的。你抓住过去的尾巴，肯定就不能牵起现在和未来的小手。

女人，为自己准备一个“垃圾桶”吧，把心里的一切不高兴、不如意都扔进去。随时清理自己心里的垃圾，伤害也好，痛苦也罢，每当时间一到，立即丢进“垃圾桶”里去，绝不留恋。

那么，女人如何才能拥有这样一个“垃圾桶”呢？

1. 要靠自己

世界上最大的敌人是自己，世界上最靠得住的人也是自己。真的想要做到释然，首先要过得去自己心里的那道坎儿。也许伤害很严重，可再严重的伤害不是都已经过去了吗？遭遇伤害已经实属不幸，如果再让这些伤害影响自己的下半生，岂不是更加不幸了吗？要学会自己宽慰自己，才能真正做到释然。

2. 学会倾诉

很多人患上心理疾病，都是因为不懂得倾诉。女人，不要把心事藏在心里，要学会倾诉，向爱人倾诉，向家人倾诉，向朋友倾诉。

3. 去旅行

在一个地方待久了，就会产生各种各样的感情。那种熟悉感，也会随时把过去伤痛的记忆拉扯出来。换个地方，换个心情，让自己在一个陌生的环境中，看看陌生的风景，看看陌生的人，可能过去的点点滴滴也就随之悄然而逝了。

女人，真的需要一个“垃圾桶”，能够随时丢掉自己过去的垃圾，让自己远离这些垃圾的困扰。

笑对人生的得与失，你才能优雅起来

女人的一生中，总是伴随着许许多多的事情，有幸福和幸运，有沮丧和倒霉，有得到也有失去。有人会说："我只要幸福和幸运，我只要得到，不要失去。"可是，若问你，什么是得到，什么又是失去呢？恐怕没有人能够回答清楚这个问题。其实，得到与失去根本就是一个循环的过程，你想得到吗？那你就要先失去，而你失去了，也必然会有所得。所以，何必总是纠结于人生的得与失呢？笑着面对它们，你才能成为一个优雅的女人。

得未必如意，失未必结束

在多数年轻人心目中，是这样定义得与失的：得，就是拥有，而失，则是失去。他们觉得得就是美好的，失就是痛苦的。可倘若你问一些过来人抑或是老者，他们就会告诉你：拥有并不代表如意，而失去并不代表结束。

很多女人总是觉得自己不幸福，那看一看生活中的她们是如何对待得与失的呢？得到的时候，她们往往显得十分得意，甚至有些得意忘形了，而当她们失去的时候，则表现出斤斤计较，甚至是大惊失色。而有些女人，你看不出她们生活中有什么起色，可她们常把笑容挂在脸上，一副幸福的模样，这是因为，得到的时候，她们满足地接受，不过于夸张表现，更不会炫耀什么，而失去的时候，她们也是一笑置之，绝不会因为一时的失去而懊恼许久。

得到又怎样，失去又怎样呢？难道得到就幸福，失去就不幸吗？无数的例子告诉我们，这真的未必。行于世，应当笑对人生，淡泊得失，只有如此，才能真正地优雅起来幸福起来。

说到底，她真是一个奇妙的女人，似乎什么事情都不在乎，不在乎在公交车上被偷了钱包，也不在乎老板没有兑现当初升职的承诺，甚至不在乎少数同事在背后说她的坏话，就连她买房子，明明已经和房主说好了，价钱也谈好了，可她第二天再去的时候，人家把房子给卖了，所有人都替她鸣不平，让她去上法庭，可她笑了笑，这件事就过去了。

今天是她的婚礼，她的丈夫是英国人，蓝眼睛，高鼻梁，很绅士，也很帅气，最重要的是对她很好。婚礼上，他们交换戒指，拥吻对方，一切都是那么美好和自然，仪式结束之后，司仪请她讲述一下两个人的恋爱经历。她看了看自己的爱人，令所有人都惊讶的是，她讲的竟然是上一次婚礼。没错，这是她第二次婚礼了，在座的人差不多都知道她的上一次婚礼，她的新郎落跑了。

那是三年前，她终于和自己爱的人走进了婚姻的殿堂，新郎是和她相爱三年的人，可是，就在婚礼开始前，他悄悄地逃走了，剩下她一个人收拾残局，那个时候，她几乎成了许多人嘴里的笑柄。在那个没有完成的婚礼之后，她整个人都很消极。可是没想到公司要派她去英国进修，这个机会原本不属于她的，公司见她没有状态，就把这个机会给了她，也好让她出去散散心。她去了英国，这是她梦寐以求的国家，然后遇到了她现在的新郎。

当她讲到这里的时候，场下全都沉默了，她微笑着说：“人生真的很奇妙，你不知道下一秒会发生什么，老天爷抢走了我相爱三年的男友，却圆了我的英国梦，也让我遇见了我的真爱。我在想，如果那天的婚礼照常举行，我还会去英国吗？还会遇到更优秀的他吗？”

场下响起了热烈的掌声。

人生本来就是如此奇妙的，你得到了可并不一定就是好的，而你失去了也并不一定就是坏的。你得到的同时，可能会失去更宝贵的东西，而你失去之后，也有可能得到更珍贵的东西。人生正是如此，正因为谁都不知道下一秒会发生什么，所以，当你得到的时候，不要得意忘形，而当你失去的时候，也不要闷闷不乐，也许下一秒你的世界就会发生翻天覆地的变化呢。

有得必有失，有失才有得

其实，关于得失的问题，深层探究，可以得到两个结果：有得必有失，有失才有得。

有得必有失。当你得到某种东西的时候，必定会失去什么，因为人生本来就是公平的，给你的不会太多，给别人的也不会太少。当你得到，也就意味着你会失去。也许你会说，自己是通过努力才得到的，可你想想看，努力的过程中还不是失去了时间和精力？

有失才有得。正所谓舍得舍得，有舍才会得。你不付出，怎么可能会有收获呢？这并不违背世间万物的规律啊，只有耕种，才会有收获。天上掉馅饼的事情，实在太少太少，你或许会说，买彩票中奖了，这就是天上掉馅饼，可是，你问问中奖的人就会知道，中奖所带来的一系列烦恼也是别人难以想象的。

人生的所有事情，都是伴随着得失的，举一个女人最容易理解的例子：生孩子。女人，最能体会到生孩子的痛苦，怀胎十月，那是一种莫大的煎熬，每一分每一秒都是十分难熬的，这个过程中，女人失去的太多了，健康、自由、时间、美好的身材等，可当孩子呱呱坠地的那一刻，女人得到了世界上最大的满足，孩子将成为自己一生最美好的期盼。

难道不是吗？世间的得失原本就是如此，有人说，一个人之所以快乐，不是因为他得到的多，而是因为他计较的少。女人，如果你也想得到快乐和幸福，那就应该少计较一点儿，只有如此，你才能快乐起来，才能更真切地感觉到幸福的存在。

当你学会了如何笑对人生的得与失，相信你已经蜕变成一个优雅的女人了。

缘来缘去，随它而去

人生，总是充满了这样或者那样的遗憾，当一段爱情悄然落幕，男人豁达，总能抛出一句“由它去吧”，便挥一挥衣袖，继续生活。女人重情，总是流下遗憾的泪水，久久不能自拔。其实，爱情对于男女是公平的，之所以会有如此大的差别，是因为女人那颗柔软脆弱的心。倘若女人坚强一点，豁达一点，缘来缘去，随它而去，不勉强他人，也不勉强自己。那么，爱情是不是对于谁都公平了呢？

只不过是一段插曲

人生就是一段旅程，当一个人呱呱坠地的时候，这段旅程也便有了起点。在人生这段旅途中，终点在哪里并不重要，重要的是这段旅途中我们去过哪里、见过谁、经历了怎样的风景。也许，在一段美丽的风景中，邂逅了美丽的爱情，茫茫人海，能够遇见就是一种缘分，同样是惊鸿一瞥，有些人执子之手相伴一生，有些人擦肩而过杳无音信。

在人生这段旅途中，有太多的故事要发生，也有太多的故事要落幕，很多人将这些故事归结为一个“缘”字。的确，缘分使然，能够相遇相识、相知相守是一种缘分，而擦肩而过、遗憾错过也只能说缘分已尽。缘来，我们迎接欢喜，缘去，我们也应挥手告别。有些人注定会成为生命中的插曲，他的存在就是为了丰富我们的人生，让这枯燥的旅途多一点精彩。而我们也会成为别人生命中的插曲，为了丰富别人的人生而存在。漫漫人生路途，插曲何其多，终不

过是烟花一瞬，稍纵即逝，要知道主旋律才是你人生的主题。

男人离她而去了，她悲痛欲绝。他们相爱了整整一年，她把全部的爱都给了他，几乎是在用生命爱着男人，可是，男人还是离她而去，只留下一张小小的纸条：“我们不合适，忘了我吧。”简短的话语，每一个字都像一根针一样插在了她的心上。她恨，恨男人的狠心，恨男人的薄情；她怨，怨老天无情，怨老天不公；她更悔，悔恨自己为什么没能把男人留在自己身边。

她日日寡欢，在灯红酒绿的场所，捧着酒杯，喷云吐雾。她原本是个美丽娴静的女人，男人们都说她是一个很有女人味的女人，多少人追求她，她都不曾看过一眼，总是昂首挺胸迈着优雅的步子，唯独他博得了她的芳心，而他却狠狠地伤了她。自从男人离开之后，她的身上除了烟味，就是酒味，曾经的女人味早已不见了踪影。

一日深夜，她从酒吧走出来，有些微醺的她，走路摇摇晃晃，她想吹着风醒醒酒。在经过音乐厅的时候，涌来的人潮将她挤了进去，无奈，她只能进入音乐厅，找个座位坐了下来。这是一位小有名气的钢琴家的小型演奏会，听着钢琴家行云流水的演奏，她的心情难得地愉悦起来。

在遇见那个负心的男人之前，她也很喜欢音乐，经常会独自一人去演奏会，静静地享受音乐。可是，自从遇见那个男人之后，她再也没有去过。钢琴家正在演奏的曲目恢弘大气，让人听了心潮澎湃，可中间却有一段十分细腻温婉的节奏，这段巧妙的节奏，就像细小的雨滴在敲打着人的心灵，让人觉得舒缓、优美，甚至想要流泪，和刚才的心潮澎湃形成了鲜明的对比。

女人心有感触，这段音乐触动了她柔软的神经，她叹口气，小声说了一句：“要大气就大气到底，干吗还要穿插这样一段伤感的曲调？”

“这你就不懂了，曲子就算再豪迈，没有细腻温婉的衬托，也难以给人留下深刻的印象，恰是这样一段插曲，才让整首曲子更加完美。”旁边一个西装革履的男人说。

她转过头去看着这个人，仔细品味着他的话，是啊，曾几何时，自己也是懂得品味音乐的，时过境迁，竟然忘记了音乐中的这些玄机。

旁边的男人接着说："这就好比人生，肯定要有一些小插曲，才会显得完美和精彩，但是，插曲毕竟是插曲，人生的主旋律还是要继续的。如果只停留在插曲，曲子毁了，人生也就毁了。"

一语惊醒梦中人，女人幡然醒悟，她静静听完了演奏会，对着旁边的男人莞尔一笑："谢谢你刚才的指点，如果你愿意和我一起品味音乐，这是我的联系方式。"说完，女人便离开了。

她的生活，在这之后，完美继续。在这之前，她甚至想要周游全国，找到他，和他再续前缘。可是，在这之后，她一切都放下了。

茶凉了，就别再续了，就算是续杯了，也已经不是原来的味道了。优雅有智慧的女人，都应该像她那样，学会放手，给他也给自己一片天空。

放了他，也放了自己

或许真的是缘分使然，让人和人有了交集，可缘尽了，那就随它而去吧。人生有一种优雅叫作放手。放了他，也放了自己。想想看，你死死地抓住他，又能怎样呢？难道像藤蔓一样缠住他，你就好过了？这样无疑是毁了你在他心中的好印象，也毁了你自己的生活，得不偿失，还不如放手，给彼此留下最珍贵的回忆。

就像那个男人所说的，只停留在插曲，便毁了这首曲子，而人生，倘若只停留在那个缘分已尽的男人身上，也便毁了自己的人生。记住，女人的心是水做的，即便是他抽刀而去，也会抽刀断水水更流，不要放纵自己的脆弱，要知道，女人也可以是坚不可摧的。

关于放手，还需要提醒优雅的你。

1. 忘不了，那就怀念吧

美好的回忆也是人生的财富，当你年华渐逝，只剩下苍老的身躯时，你依

然可以回首自己人生中那些美丽的插曲。如果忘不了，那就选择怀念吧。怀念那个擦肩而过的人，怀念那段美丽的意外。有时候勉强自己去忘记过去，反而会更加痛苦，不如选择怀念，偶尔祭奠自己那段未了的情缘。

2. 恨，只会让自己更痛苦

有些女人内心十分强大，她们在被抛弃之后，变得更加出色，只因为她们恨，她们要让那些男人后悔。其实，这样折磨的还是自己。都说生气是拿别人的错误来惩罚自己，而恨更是拿别人的错误来折磨自己。苦苦纠缠下去，苦的还是自己，不如放手，放了他，更饶了自己。

缘来缘去，随他而去，不纠缠，不悔恨，曾经拥有，人生足矣。

第八章

玫瑰，美丽从来都是女人的代名词

“秾艳尽怜胜彩绘，嘉名谁赠作玫瑰”“万种风情犹可爱，芬芳馥郁迥不群”。玫瑰，它们是爱情的象征，当它们出现的时候，永远都是以最美的姿态，它们美得热情、大方，令人沉醉其中，难以忘怀。而女人也应当如玫瑰一般，向世人展示自己最美的姿态。美丽，从来都是女人的代名词，就像是玫瑰代表爱情一般。女人，你应当美丽，因为这个世界会因为你而变得更加美丽。

睁开双眼，发现自己隐藏的美

大自然的美，无处不在。滴着露珠的野花，微风中摇摆的青草，雨后散发着泥土气息的草坪，只要你有一双善于发现的眼睛，美便尽收你的眼底。对于女人来说也是如此，每一个女人都是一道美丽的风景，拥有自己独特的韵味，这些美，可能是你完全没有注意过的，可能是温柔，可能是个性，可能是善解人意，还可能是你的体贴入微。如果你不觉得自己美，那就睁开眼睛，去寻找隐藏在自己身上的美吧。

你本来就很美

在《甄嬛传》里，皇后曾经说过，这女人就如同花园里的花朵，你说不上哪一朵是最好看的。是啊，都说端妃年老色衰，又体弱多病，可是她却是最稳重的；都说敬妃没有姿色，可她却是最可靠的；都说齐妃人老珠黄，可她却有一颗爱子心切的慈母心；都说襄嫔心眼儿多且坏，可她却是心思缜密、眼光深远；都说祺嫔“毒舌”，又处处算计，可她美丽可爱，简单直白；都说宁嫔性子太倔，可她痴心一片，为人也十分正直；都说华妃心狠手辣，无所不用其极，可她却是对皇上最体贴、最用心的。

女人，你说不上哪个最好，也说不上哪个最坏，每个人都有每个人的优点，每个人又都有每个人的缺点。上天是公平的，不会把所有的优点都集中在一个人身上，更不会把所有的缺点都集中在一个人身上。即便是再完美的人，她也会有自己的小缺点。所以，身为女人的你，也必定有属于你的优点，不要气馁，不要灰心，去发现、去探索属于你的独特的美吧。

或许你会说，你真的见过很完美的人，长得美，心灵也美，有学识，有内涵。可是，这并不都是天生的，这也是她自己后天不断学习和修养的结果。如果你羡慕，那就请努力。

她是个算不上漂亮的女孩子，长得普通，工作能力普通，人缘普通，什么都很普通。普通的她，过着普通的生活，她戴着一副黑框眼镜，不爱说话，走路的时候都是低着头的。她也很苦恼：看看办公室里的小孙，她生得漂亮，招人喜爱，很多男同事都围绕在她身边；再看办公室里的莉莉，虽说长得普通，可人活泼开朗，有一大帮的朋友；还有那个胖胖的男生，身躯庞大得都顶上三个她了，可就是很招人喜欢，说话总能逗人发笑。

她觉得自己很卑微，甚至怀疑自己存活在这个世界上有什么意义，难道只是烘托别人吗？她很苦恼，甚至攒了整整一瓶子的安眠药，每当想不开的时候就偷偷拿出来，可是并没有勇气塞到嘴里。后来，她发现自己的安眠药找不到了，于是更加苦恼，自己竟然连死的资格都没有。这天，和她一起合租的好朋友说团购了一组写真，不想拍了，又不能退，要她替自己去拍。拿着团购的号码，她纠结了好久，最终还是觉得如果不去太浪费了，便按照地址来到了这家摄影工作室。

化妆师帮她化好妆，拍了两组时尚的照片，摄影师提出要她素颜拍一组，她心里“咯噔”一下，素颜拍，拍出来丑死了，可内向的她还是没有拒绝摄影师的请求。拍完之后，她就走了，一星期后，摄影师给她打电话要她去看照片。当看到那组素颜照的时候，她惊呆了，这是自己吗？照片上的女孩子穿着白色的T恤，洗的发白的牛仔裤，还有一双有些脏的帆布鞋，素面朝天，简单淳朴，却洋溢着青春的味道。

“照片你是不是PS了？”

“没有啊，这是原版照片，等你选好之后，我才会进行修饰的。”

“可是，我觉得这根本不是我。”

“怎么不是你？没有化妆，也是穿的你自己带来的衣服，这是再真实不过的你了。”

她看着照片上的自己，她承认很漂亮，让她不敢相信这就是自己。

摄影师看着她的迷茫，坦然一笑："其实，只要换个角度，每个女孩都有可能和天使一样美。"

她微笑着点点头，然后选了所有素颜的照片做了一本相册，她只是想用这本相册提醒自己，自己也很美。

其实，每个女人都有自己身上独特的美。不要低估了自己，因为任何一个人都是有潜质的，你低估了自己，又奢望谁能发现自己的潜质呢？

不同的人，不同的美

什么才是真正的美？有人觉得是外在的美，让人看着舒心，有人觉得是心灵的美，让人倍感温暖。美，在每个人的心里定义都是不同的。你可能长得不美，可烧得一手好菜，也许有人尝到你做的美味佳肴，便觉得你很美；你可能身材有些微胖，却会跳灵活的肚皮舞，也许有人看到你的舞姿，便觉得你很美；你可能文化水平不高，可却乐于助人，也许有人看到你的事迹，便觉得你很美。在这个人眼里，你并不美，可在另一个人眼里，或许你就貌若天仙。不同的人，有不同的美，而不同的人眼中，又有不同的美。

或者，没有人觉得你美，可在父母眼中，你可是掌中的宝，是最美的；在朋友眼中，你也是独一无二，是最美的；在爱人眼中，你更是世间最美的，且无可替代。

如果你无法知晓自己的美丽，那就按照以下说的去做吧。

1. 把目光转向自己

生活中不是缺少美，而是缺少发现美的眼睛。你不是不美，而是从不关注自己的美。你总是把目光盯向别人，看着别人的美，却忘了多看看自己，怎么能发现自己的美呢？把目光转向自己，去发现、去挖掘自己的美吧。

2. 自己舒服就好

人在舒服的情况下是最自然、最容易展现出自己的美的，正所谓自然才是美。任何场合，要让自己的行为举止、穿衣打扮舒服得体，不要因为觉得自然不好，就去刻意改变自己，那样自己不舒服，别人看着更不舒服。

3. 合适的就是最美的

寻找适合自己的一切，衣服、化妆品、兴趣爱好，等等。适合自己的才是最好的，才能让自己成为最美的。那件衣服再昂贵再时尚，不适合自己，穿上也只能让自己贻笑大方；那双高跟鞋再昂贵再好看，不适合自己，也只能让自己穿着磨脚。记住，一切从合适出发。

没有丑女人，只有懒女人

没有丑女人，只有懒女人。曾几何时，不知道是哪位哲人说了这句话，从此，这句话便被当作真理一样传颂了。没错，世界上根本不存在丑女人，只有懒惰的女人，只有不爱惜自己的女人，只有不会照顾自己的女人，只有不相信奇迹的女人。世界上没有哪个女人不爱美，然而，却有那么多女人不愿意花费时间和精力去好好“打扮”自己。女人，就应该美美的。

做最美的自己

虽然说心灵美才是真正的美，可是哪个女人不希望自己同时拥有外在美呢？爱美之心，人皆有之。爱美，这是女人的天性，即便想改，也是改不掉的。有些女人，或许父母给她的容貌并不令人满意，于是非常自卑，也不愿意去修饰、打扮。其实，天底下真的没有丑女人，一个女人即便长相再平庸，穿一件干净利落的衣服，把皮肤养得美美的，然后化一点儿彩妆，也会跟之前判若两人，让人眼前一亮。可能有些女人并不相信，如果不相信的话，可以去看看时下热播的各种美容节目，这些节目把“没有丑女人，只有懒女人”这句话表现得淋漓尽致，只要你愿意照做，你也可以是自己的“美容魔法师”。

不奢望自己貌若天仙，有闭月羞花、沉鱼落雁的美丽，但求做最美的自己，有着水润的皮肤，化着令人舒服的妆容，穿着精致得体的衣服，这就够了。

选美大赛历来都是备受关注的，男人喜欢看，女人也喜欢看。新一届的选美大赛中，许多美人脱颖而出，她们就如同花园里的花朵一样，在花园里使出浑身解数来争奇斗艳。有的性感妖娆，有的小家碧玉，有的充满古典美，有的又充满了西方美。她是选美大赛中杀出的一匹黑马，从海选到复赛，从复赛到半决赛，她一路过关斩将杀进了决赛。要说她的长相，并不是十分突出，比她漂亮的选手多得是，可她的身上就是有一种独特的吸引人的气质，令评委们频频给出高分。

明天就是决赛的日子，所有的选手都铆足了劲儿，想要对冠军发起冲击。当然了，既然是比赛，就存在对手，正所谓知己知彼方能百战百胜。所有的选手在准备自己的服装和表演的同时，还在偷偷打听别人的。唯独她，却从不与人交流这些，好像明天只是一次普通的聚会，并不是关乎荣誉的选美决赛。

万众期待的这一天终于来了，决赛中的女人们个个都美到无可挑剔，更是做足了满分的准备。当她缓缓走出来的时候，众人惊愕，撞衫了！没错，如此尴尬的事情就发生在了她的身上，选手们之所以会偷偷打听别人的穿着，也是为了避免和其他选手撞衫。她是评委们都十分喜爱的选手，连评委们都为她捏着一把汗。她好像并不知道自己和前面的选手撞衫了一样，缓缓地走出来，粉色的晚礼服将她的皮肤衬得晶莹剔透，她微笑着，如一朵正在绽放的粉色玫瑰，青春、羞涩、亮丽。

最后的结果十分出人意料，冠军竟然是和别人撞衫了的她！评委夸奖她的笑容沁人心脾、赏心悦目，在大众评审中，她的得票率也非常高，是当之无愧的冠军。事后，媒体采访她，问她知不知道自己和前面的选手撞衫了。

她笑着说："怎么可能不知道呢？大家都在一个房间里化妆，谁穿什么衣服，怎么可能看不到呢？"

媒体接着问："那你为什么还能表现得那么从容呢？"

她表现得有些吃惊："我只是向观众展示最美的自己啊，这和撞不撞衫没有关系的。"

做最美的自己，和自己的容貌没有关系，和别人的目光没有关系，和身在什么样的场合没有关系，和自己的心态才有莫大的关系。做最美的自己，不用在乎别人的目光，只求做到自己的极致，这样的你，就是最美的。

第一印象美

在心理学中有一种效应叫作“首因效应”，说的就是人的第一印象是很重要的，在人和人的交往中，初次见面留下的印象，直接影响到后续的交往是不是顺利，而且这个印象在对方的脑海里会长期维持，很难改变。女人，还是注重自己的“第一印象美”吧！不仅可以让自己心情愉悦，还可以给他人留下美的印象，难道这不正是自己想要的吗？

三十岁之前，女人的美是天生的，是父母给的，可三十岁之后，女人的美就要靠自己了。女人，如果你也想养出自己的美丽，那就按照以下方法去做吧。

1. 注重饮食和养生

无论你现在是二十几岁、三十几岁，还是四十几岁，都需要注重自己的饮食，女人的美，是吃出来的，是养出来的。关注健康饮食和养生方面的知识，你会有许多收获的。

2. 护肤、美容和化妆

除了调节身体，还要格外重视皮肤，你可能天生五官没有那么惊艳，好的皮肤也是能给你大大加分的。不要总是依赖化妆品来“美白和遮瑕”，先把皮肤养出来，再化妆，才是完美的结合。学习适合自己的妆容，也会提升自身的美。

3. 内修和外养兼备

女人的外养是指美化外在，内修则是指修养内在。你的学识、谈吐、品行都会影响你的内在之美，而我们常赞的“气质美女”，多是在这些方面出色的优秀女人，她们的容貌可能不是最出众的，却举手投足间都充满了魅力，令人心向往之。

如果你也想成为一个美丽的女人，那就告别自己的懒惰，勤劳起来，让自己变美吧。如果你也是一个爱美的女人，那就行动起来，做一个真正爱美、真正美丽的女人吧。

取悦爱人，也取悦自己

灯火通明的舞会上，一袭火红的礼服，长长地拖在地上，精致的妆容，从容的举止，一位美丽的妙龄女郎出现在众人面前，引来众人艳羡的目光。在一场盛大的舞会，所有女人都会穿上应景的华服，打扮得像个美丽的王妃或公主。可是，舞会一结束，女人就似乎又成了脱掉水晶鞋的灰姑娘，一瞬间被打回了原形。想想看，女为悦己者容，悦己者难道只是舞会上那些不曾相识的人吗？不，女人还应该为自己的爱人而“容”，更应该为自己而“容”。

女为悦己者容

在高雅的舞会上，抑或是公司的Party上，女人总是用尽浑身解数将自己打扮成高贵的女王，或优雅的王妃，或美丽的公主。她们注意自己的言谈举止，注重自己的仪表仪态，绝对不允许自己平庸失态。

可是，如果不是这样的场合呢？女人又是怎样的呢？邋遢，不修边幅，衣服随便套一件，脱掉高跟鞋，换上拖鞋，慵懒地躺在沙发上。有人说在自己家里就应该是这样的，随意一些，自然一些，不用太在意那些细节。

在忙忙碌碌的生活中，的确如此。可是，女人却忘了一句话：女为悦己者容。为喜欢自己的人去装扮，去展现自己美丽动人的一面。这个喜欢自己的人，是自己的丈夫，是自己的爱人。不要觉得都已经老夫老妻了，就没必要在他面前打扮自己了，你不取悦他，还有谁值得你去取悦呢？

他是与你共度一生的人，在这个世界上，他将会与你牵手走过漫长的几十年时光，难道不应该取悦他吗？如果你爱他，你希望见到他幸福的笑脸，

那么，在这个世界上，你最应该取悦的人就是他——你的爱人。

如果你也想取悦他，那就不妨采取以下一些小建议。

1. 他是第一个

作为爱人，他拥有太多的特权，他应该第一个欣赏你的美丽，买了新衣服，买了新首饰，买了新的高跟鞋，不妨第一个给他看，争取他的意见和建议。他会觉得无比荣幸，当别人看到你的美丽时，他肯定在窃喜：哼哼，自己才是第一个看到的人。

2. 化妆给他看

偶尔化化妆给他看，上班的时候化妆，下班的时候卸妆，公司的上司和同事都能看到自己化妆的样子，甚至路人甲也能欣赏自己精致的淡妆，却唯独他看不到。偶尔，化妆给他看，哪怕仅仅是简单的妆容。尤其是和他一起出去吃饭或参加活动，化个妆，他会因为你的重视而高兴的。

3. 美美地逛街

无论是自己提出的逛街，还是他提出的逛街，一定要把自己打扮得漂漂亮亮的，哪怕仅仅是逛逛超市，也还是打扮一下吧。他会觉得自己非常有面子，下次也必定乐意与你一同出来。至于给你拎包，做你的钱包，那他自然也是甘之如饴了。

夜来香一样的女人

当你学会取悦爱人的时候，可不要忘记你更需要取悦的那个人是你自己。虽说女为悦己者容，但世界上最喜欢最爱自己的那个人，难道不是自己吗？如果连自己都不喜欢自己，还奢望世界上谁来喜欢自己，来爱自己呢？

女人，你最应该取悦的人是自己，世界上只有自己最懂自己，只有自己最疼惜自己，只有自己最喜欢自己，不要奢望别人给的温暖和爱，过不了自己这一关，又怎能在别人那里过关呢？

女人有一个美满的家庭，和爱人恩恩爱爱。在所有人的眼中，她衣着得体，举止大方，从不失态。很多男人都幻想有一个像她那样的妻子。在朋友们面前，女人总是习惯打扮自己，总是手挽住爱人的胳膊，非常亲密。可是，天有不测风云，女人的丈夫在一场车祸中不幸去世了，年纪轻轻的女人成了寡妇，独自抚养女儿。

为爱人举行了葬礼，葬礼上女人一袭黑衣，泣不成声，很多人都苦叹为何一个如此美丽的女人会有这样悲惨的境遇。爱人死后三个月，女人似乎就恢复了从前的样子，出入总是化妆、穿着也绝不含糊。女人的面容也总是容光焕发，见了人也还是笑容满面。许多人都说，女人有了别的男人，可怜她的丈夫尸骨未寒，她这么快就另结新欢了。虽然大家都这么说，可始终没见到有男人出入她的房子，也从未有人见过女人和别的男人在一起，她总是一个人出去买菜逛超市，偶尔会带着女儿逛商场。如果不是认识的人，肯定不会想到这个女人在三个月前刚刚失去了最爱的人。

一年，两年，三年，女人还是孤身一人，带着女儿，可她依旧没有变化，还是那么神采奕奕、美丽动人。后来，女人的一位朋友问到女人这件事，毕竟所有的人都诋毁了她三年。女人坦然一笑，叫朋友晚上过来。晚上，夜色正好，朋友过来了，女人带着她来到了自己的卧室，窗台上有一盆夜来香，开得正灿烂，在月色的衬托下，更显婀娜多姿，微风吹过，飘来阵阵香味。

“夜来香，只是在夜晚没有人的时候才静静开放，你说又没有人看它，它为什么要在夜里开放呢？”

“不知道。”朋友回答说。

“这是因为夜来香开放，不为取悦别人，只为取悦自己。”

朋友听了幡然醒悟，是啊，即便是没有了爱人，她还可以取悦自己啊，她化妆，她穿新衣服，完全是为了取悦自己，让自己幸福，让女儿幸福啊。

“别的花开放是为了白天争奇斗艳，接受别人的赞美，可它开放不为别人，只为了自己。那天朋友送我一盆夜来香，我就决定要做一个夜来香一样的女人。”

夜来香一样的女人，只为取悦自己，不为取悦别人。女人，一辈子甘于奉献，把自己的一生都奉献给了爱人和孩子，难道不应该取悦自己吗？做个夜来香一样的女人，开放，不为别人，只为取悦自己。

自信的女人，美丽的女人

女人因自信而美丽。一个女人不一定会因为自己的美丽而自信，可一个女人如果自信的话，那么她必定是一个美丽的女人。一个自信的女人，走路时总是昂首挺胸的，即便是坐在大排档里，也依旧优雅自如；一个自信的女人，总是洒脱的，走路潇洒，做事情更潇洒，她们拥有潇洒的人生。她们的表情、动作、言谈举止，都显得魅力四射。做一个自信的女人吧，你会因为自己的自信而美丽，这种美丽会让你魅力四射，让你充满与众不同的味道。

用信心装点自己

这个世界上美女如云，可长相平平的女人也数不胜数，可是，这个世界上偏偏就有这样一种女人，她们可能长相平平，可她们浑身上下都透着一种范儿，那是一种潇洒，一种自然，一种由内而外的气质。这种范儿，就是我们通常所说的自信。

一个自信的女人在家庭生活和事业中，都显得游刃有余，她不一定就一帆风顺，可遇到困难，她总能一一化解；一个自信的女人，可能也会疲惫，可她总能找到最恰当的休息方式，用最快的速度为自己充满电；一个自信的女人，可能并不是一个女强人，甚至连一份好工作都没有，可是一句话从她嘴里说出来，就是叫人不由自主地信服；一个自信的女人，她知道自己想要什么，总是能追求自己想要的东西，通常她也能真的得到；一个自信的女人，可能并没有闭月羞花之貌，可她们一举一动就是透着十足的魅力，令人欣赏。

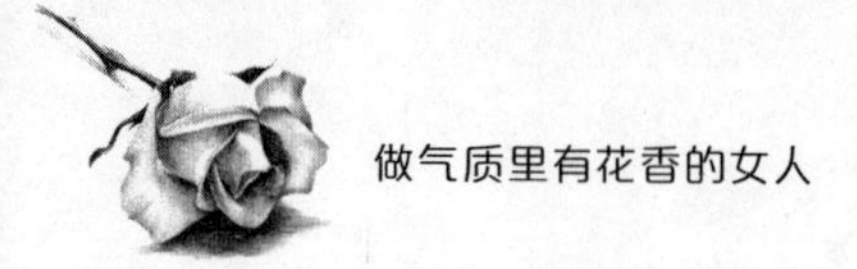

很多女人总是不明白：“她明明身材没我好，脸蛋也没我漂亮，工作也不比我强，她的自信是从哪里来的呢？”是啊，女人的自信来源于哪里呢？

自然是来自一个女人的内心。

女人名叫雅雯，优雅、文静，和她的名字倒是有几分相像。雅雯不是个漂亮的女人，身材还有一些微胖。三十出头的她，是一家西餐厅的经理，她做事井然有序，无论对待员工还是顾客都十分亲切。所有的人都说她身上有一种特殊的磁场，好像天生就吸引人似的。

雅雯二十岁开始在这家西餐厅工作，起初只是一名小小的服务员，后来当了小组长，再后来做了大组长，最后升到了经理。她并不是个聪明的女人，学历也不高，也没有什么额外的特长，可她获得升迁，大家都心服口服。

和雅雯同一批进来的那个服务员，目前只是一个小小的组长。她人长得漂亮，身材也棒，还上过大学，之所以愿意在这里做服务员，就是因为这家连锁西餐厅有完善的晋升机制。这个小组长和雅雯的关系很好，可她就是想不明白，自己在工作中为什么处处不如雅雯。在经理职位的竞聘中，雅雯第一时间交了自荐信，而她却迟迟写不出，不知道该如何描述自己，更不知道该如何写自己的优点。

她终于扛不住了，向雅雯询问，她的自信心到底是从哪里来的。

雅雯浅浅一笑，给她讲了一个故事：“从前有一个特别可怜的孩子，他去请教一位得道高僧如何才能让自己幸福。高僧给了他一块十分普通的石头，叫他到市集上去卖，第一天没人问，第二天没人问，直到第四天，有好几个人竟然相中了这块石头。孩子喜出望外，但是高僧让他不要着急出手。高僧又让他把石头拿到石器市场去卖，起初也是没有人问，孩子听了高僧的话，耐心等待，果然，第五天的时候有人愿意出高价买走石头。高僧说：‘只要你坚信自己是一块玉石，总有一天你会发现自己真的是一块玉石。’”

她明白了，其实自信就藏在自己的心里，只是自己不愿意去挖掘罢了。

是啊，如果坚信自己是一块玉石，坚持下去，总有一天会显现出自己的价值的。可是，如果连你自己都不相信自己是一块玉石，还奢望谁能相信呢？就算你真的是一块玉石，也只能是一块隐藏起来的玉石，是不会被人发现的。

真正的自信来源于你的内心深处，去挖掘吧，你会发现原本属于自己的魅力。

从内心去挖掘自信

谁不想做一个有自信的女人呢？一个自信的女人总比一个自卑的女人活得精彩，活得漂亮，活得潇洒！如果你也想做一个有自信的女人，那就试着去挖掘自己的自信吧。

1. 大胆地想象

可能有些女人禁不住要笑了，想象和自信又有什么关系呢？你可以想象一下自己就是一个优雅从容的女人，正在面对一个十分难缠的客户，你可以想象自己是如何从容应对客户的刁难，又是如何进行谈判，然后成功签约的。这种积极的想象，是可以帮助你找到内心深处那个充满自信的女人的，如果不信，可以尝试一下。

2. 相信人定胜天

人定胜天，任何人的命运都是掌握在自己手里的，你的命运掌控在你自己的手里，只有你可以改变自己的命运。

3. 用学习提升自信

一个学识渊博的女人，总是带着一种自信心。这就好像孩童时期，当老师提问时，别的孩子答不上来，而自己可以答上来，就会觉得自己很了不起。你也可以从学习中去寻找自己的自信。女人，多学习一些，多了解一些，哪怕是和自己的工作无关，哪怕是和自己的专业无关，多学习一些是没有坏处的。

4. 人靠衣装马靠鞍

精致得体的外在装扮也是可以提升女人的自信心的，不要小瞧服饰、饰品、妆容的作用，女人甚至会因为穿了一双独特的高跟鞋而自信倍增，走在路上都觉得自己更有魅力了。

自信心源于内心深处，不要奢望别人会给你自信。所谓自信，就是自己相信自己，拥有了自信，你就是一个充满魅力的女人。

爱人也需要美丽

女人，天性爱美。所有的女人都希望自己是一个美丽的女子，有着令人羡慕的美貌，因此，女人在寻求一切可以让自己美丽的方式。也许是一件时尚入流的连衣裙，也许是一套令自己焕发青春的化妆品，也许是一块彰显尊贵的玉石。女人，寻求美丽，无可厚非，可是，却很少有女人记得，自己在追求美丽的同时，自己的爱人也需要美丽，因为爱人也是彰显自己美丽的一部分。当你打扮自己的时候，别忘了你的爱人同样需要美丽。

他的美，也是你的美

都说手是女人的第二张脸，那么，男人就是女人的第三张脸。都说在一起的爱人，看到一个是什么样子，就能大概想象出另一个是什么样子。如果男人爱干净，穿的衣服总是一尘不染的，那家中必定有一个爱干净的妻子；如果男人衣着邋遢，那家中的妻子也必定不爱收拾打扮；如果男人温文尔雅，那家中也必定有一个气质温润、举止优雅的妻子；如果男人粗鲁彪悍，那家中也必定有悍妻一个。正所谓不是一家人不进一家门，生活在一起的小两口，不会有太大的差异，随着时光的慢慢流逝，两个人只会越来越像。

所以，当你在提升自己的穿衣品位时，有没有想到爱人也需要和自己一起提升品位呢？试想一下，自己是穿着时尚的摩登女郎，而爱人却是一个衣着普通甚至有些邋遢的男人，这样走在一起，难道不奇怪吗？还或许，你嫌弃爱人给自己丢脸，根本就拒绝和他走在一起。

女人爱美，无可厚非。可如果只顾着提升自身的美感，是不会收到太好的效果的。或许，当你穿着新买的连衣裙，用新买的化妆品给自己化了一个精致的妆容，然后背着自己新买的包包，踩着亮丽的高跟鞋走在街上，许多人都对你行注目礼，许多朋友都夸赞你真是越来越美了。可当他们看到你的爱人依然还是老样子，衣服穿了好几年，鞋子也磨破了，他们难免咋舌，心里忍不住去想，你这女人未免太自私。

或许，你有你的担心，现在的小女孩一个个妖媚功夫了得，万一他变帅了、变儒雅了，也禁受不住诱惑，开始变得花心了怎么办？可如果站在对方的角度去想，你每天也在打扮自己，难不成也是去外面招蜂引蝶吗？男人多半不会这样想，他们欣赏着爱人的美，觉得她们越美，自己就越有面子，可他们忙于工作，忙于挣钱，又天生不爱逛街，所以，对于自己的服饰打扮，很少在意。

和爱人一起提升美吧！这或许还可以成为你们之间又一个新的话题。

——老公，你穿那件蓝白条纹的衬衫，简直帅呆了！

——老公，你今天穿这套灰色的休闲装吧，和我这件连衣裙很相配呢。

——老公，这条红色的领带和你的西装太配了，今天就戴它吧，品位提升不少噢！

当你的爱人听到这些话的时候，或许他嘴上会说“这个会不会显得太年轻了”“还要打领带太麻烦了”“都老夫老妻了，还穿得像是情侣装”，可是，他脸上洋溢的笑容早就出卖了他的内心，那里有一种被人宠着爱着的幸福。

1. 和他牵手逛街吧

男人逛街怕累，嫌女人挑选东西磨磨蹭蹭，还要充当拎包的。没错，这是事实，于是很多女人选择和自己的闺蜜去逛街。偶尔也和爱人一起逛街吧，如果是给他买衣服、买鞋子、买领带，他会喜欢的，你们还可以一起讨论穿衣服的品位，如果这样，商场不失为周末的好去处。

2. 聚会带上他

女人喜爱聚会，因为聚会是展示自己的好时机，这个时候何不带上他呢？你在打扮自己的同时，也为他打扮一番，成双成对地出入，你们的回头率会更高的。而且，两个人生活在一起，除了在家里，还需要在外面有一些交集。你带他参加聚会的这个过程，还可以增进你们之间的感情。

你想要一个什么样的爱人

记得还在上学的时候，一个好友在步入大四那一年，和自己的男友分手了。他们从大一那年开始恋爱，一直甜蜜恩爱，在整个系的师生面前，都是一段佳话。可他们并没有走到最后。当大家询问她为什么要分手的时候，她的回答令人惊愕："他太邋遢了，不爱干净，跟个民工似的。"

很多人都觉得，他不爱干净，难道你不会提醒他吗？他穿衣服太邋遢，难道你不会帮他吗？三年的时间，足可以改变一个人，为什么你不试着去改变他，帮他提升自我呢？

笔者乡下的一个亲戚，论起关系来，那应该是表姨了。表姨高中毕业，原本考上了大学，可因为家庭条件实在太差，就没有继续上学。毕竟是上了好几年学的人，她有着良好的气质，行为举止都和村里人不一样，给她说媒的人踏破了门槛，可她一个都看不上，二十七岁的时候，还没有合适的对象。在村里，小女孩二十出头全都出嫁了，唯独她，眼看着成了老姑娘，街坊邻居都在看笑话。母亲着了急，寻死觅活要她出嫁，她也没了办法，只好认命了，嫁给了一个比自己大三岁的男人，这个男人没上过学，行为粗鲁，样子憨厚，怎么看都配不上她。男人感觉自己捡了宝，三十岁都没娶上媳妇，都快成了村里的笑柄，可一下子竟然娶了一个这么好的媳妇，怎么能不高兴呢？

短短一年，表姨和表姨夫一起回娘家，大家看到表姨夫的时候都惊呆了：他简直变了一个人，穿衣服是衬衫加西装十分讲究，和家里人接触，更是文质彬彬，让人很难想起当年的那个不修边幅的光棍汉。两个人做起了生意，还在县城买了房子。

有人悄悄问表姨，为什么表姨夫在短短一年的时间里竟然变化这么大。表姨微笑着说："你想要一个什么样的男人，他就会是一个什么样的男人，这完全看你自己。"

是啊，你想要一个什么样的男人，那就想办法让他变成那样的男人吧。如果你想要他关心你爱护你，那就用你温柔的心去关心他爱护他；如果你想要他成为一个浪漫的男人，那就试着去引导他，去制造浪漫；如果你想要他成为一个气质型男，那就去帮助他，提升他的品位。你想要一个什么样的男人，那完全看你自己，很多时候，女人真的可以完全改变一个男人。

接纳自己的不完美，才是真正的完美

“金无足赤，人无完人”，我们总在念叨着这句话，可是却又同时念叨着自己：“我肚子上的赘肉实在太多了”“我的眼睛再大一点儿就好了”，“我的脸型应该再尖一点儿嘛”……世间万物，从来都没有完美一说，又何必对自己太过苛刻呢？女人，要记住自己不可能变成一个完美的女人，你羡慕着的别人也有着你看不到的不完美，你所追求的不应该是完美，而应该是从容。其实，学会接纳自己的不完美，你眼中的自己，就是真正完美的。

不做完美主义者

谁都说天下没有完美的东西，可天底下的完美主义者着实不少，她们总是说一个不积极追求的人是没出息的，可是，她们眼中的自己有出息，不断地追逐着那看不见摸不着的完美的脚步，可曾反思自己这一路又失去了什么？快乐，因为总觉得不完美，所以总是闷闷不乐；生活的味道，因为总是忙着追逐完美，忘了品尝生活的味道；机会，因为你总是嫌自己的工作不够完美，一路挑剔懈怠，反而错过了太多可以成功的机会。其实，失去的还有很多很多，人生路上的风景，爱情里的温馨和浪漫，亲情里的温暖和关怀，友情里的包容和欣慰。

别人轻易可以得到的东西，一个总是追求完美的人，统统都得不到。

这世间，怎么可能有人是完美的？谁还没有点儿缺点呢？一个长得漂亮的女人，可能性格不好，脾气很大；一个性格温顺的女人，可能长得不太漂亮；

一个既漂亮、性格又好的女人，很有可能没有知识素养；一个看着漂亮、有涵养、性格也好的女人，很有可能是装出来的，在你看不见的背后，她必定也有着缺点。接纳自己的不完美吧，你当然可以让自己不完美的地方变得越来越完善，这是促使你积极向上的动力，可如果变不好呢，也没有关系，因为无论怎样的你，你都要欣然接受自己。

筱灵就是一个完美主义者，千万不要邀请她参加什么重要的场合，因为她要花费很长的时间来打扮自己，从头发到脚底，她都要求自己做到完美，甚至连指甲的长度和颜色也都是要经过精确地测量和挑选的。可是，即便是她打扮了好久，出席某个场合的时候，她依旧闷闷不乐，因为她还是觉得自己不够完美，在别人眼中不够出众。

总是走在追求完美的道路上，却总是在这条路上摔倒。筱灵依旧为自己的“完美事业”打拼着。再过一段时间，筱灵的表姐就要结婚了，她作为伴娘，自然马虎不得，她提前一个月就开始为自己挑选衣服和搭配的首饰了，甚至开始试着化妆，看看自己到底适合哪种妆容出席这场婚礼。这天，表姐让筱灵陪自己去商场一趟，一进筱灵的房间吓坏了，到处都是化妆品，以及各种各样的服饰和首饰。筱灵听表姐说要去商场直接就拒绝了。“表姐，我真的不是不愿意陪你去，是我真的没有时间了，我要以最完美的形象当你的伴娘。”筱灵振振有词。表姐无奈，只好一个人去了，对于表妹的追求完美，这个表姐也早有耳闻，没想到她竟然已经到了如此地步。第二天，表姐又来找筱灵，邀请她一起去参观花卉展，筱灵自然还是推托。表姐说：“婚礼上你要戴上漂亮的鲜花的话，会更加完美的。”筱灵听了这些才决定去。

到了花卉展上，那么多的鲜花看得两个人眼花缭乱。

“筱灵，你说哪一种花最美呢？”

“牡丹。”

“美是美，但是缺少一点儿个性。”

“玫瑰。”

“也不错，只是少了一点儿雅致。”

“茉莉。”

“太小家子气了。”

“百合。”

“够香，够美，少了一点儿华贵。”

筱灵一连说了十几种花，都能让表姐说出缺点来，她终于忍不住反问表姐：“那你觉得到底什么样的花最完美？”

“哪一种都完美，哪一种都不完美，看你自己了，你若是喜欢，它就是完美的。”

筱灵仔细品味着表姐的话，似乎已经明白，其实自己追求的不过是空气罢了，何必让自己这么累，还不如放松一点儿，去真正喜欢自己，让不完美的自己成为完美的呢。

女人和花一样，世间根本没有完美的女人，可每一种女人都可以说是完美的，只是这需要一个前提，那就是你喜欢自己，你接纳自己的不完美，那么，你就是天底下最完美的女人。

爱上不完美的自己

女人，总是觉得自己欠缺些什么：可能足够漂亮，却不够温柔；可能足够温柔，却不够聪明；可能足够聪明，却不够开朗；可能足够开朗，却不够漂亮……

想想看，如果什么都有了，你就是世间最完美的人了，生活还有什么意义呢？你哪里都好，哪里都不需要改变，只需要保持原样，可你接下来的生活应该做些什么呢？有些女人身材不好，总是喊着减肥的口号，却总也减不下去，而减肥成为她们生活的一部分，给她们带来了许多的乐趣；有些女人脾气不好，总是想着克制自己的情绪，却总是有控制不住的时候，修身养性成了她们生活的一部分，也陶冶了她们的情操；有些女人不够聪明，总想要读书、学习，三天打渔两天晒网，能见到的成效很少，可是却大大丰富了她们的生活。而你呢？如果你完美了，你的生活还有些什么呢？

爱上那个不完美的自己吧！你就是你，一个世间无法复制的你，一个独一无二的你，只要你喜欢自己，你爱自己，那么在你眼中，你就是完美的，你没必要活给别人看。

如果你不够爱自己，那就按照以下说的去做吧。

1. 扩大优点，隐藏缺点

要认识自己的优缺点，学会寻找自己的优点，并扩大它，也要学会寻找自己的缺点，并隐藏它。比如说胯骨宽而腿细的女人，可以选择穿长款宽松的上衣，搭配紧身的打底裤，就会将别人的目光都吸引到自己的美腿上，谁还会注意到你胯骨宽的缺点呢？

2. 我喜欢就好

可能因为身材的原因，一些衣服的确不适合你穿，可是，你又特别喜欢怎么办？好办！穿！你自己喜欢，管别人说什么呢！我本来就不是完美的，我喜欢就好，我活得从容，活得自在，这样的我，才会拥有自己喜欢的生活。

3. 爱的力量

爱的力量是伟大的，如果你觉得自己不完美，那就去问自己的父母或者爱人吧，相信在他们的眼中，你肯定是一个完美的女人。

第九章

百合，一抹馨香一丝温柔

或洁白无瑕，或粉嫩欲滴，就如同坠落人间的天使，不食烟火，纯洁而美妙动人。它清纯、高雅，总是微微低垂着花朵，像是温柔地倾听着谁的话。它是百合，从来都是美好的象征，一抹馨香，一丝温柔，那是它最打动人心的地方。女人，也应做一朵温柔的百合花，透着淡淡的清香，透着丝丝的温柔，令人动心，令人倾心，令人在平淡的流年中也能感受到生活的美好。温柔，是一种别样的爱，也是一种别样的支持和感恩。温柔，是一种心态，是一种女人应当具有的生活态度。

温柔的女人，馨香袭人

温柔，这个词语天生就是为女人而创造的。温润如玉，柔情似水，女人似乎生来就被如此定义。时代在变，女人也在变，可是，女人唯独不能变的就是温柔的本性。一个温柔的女人，是一个馨香袭人的女人，拥有由内而外散发的香气，令人陶醉，令人欲罢不能。女人，你天生就是温柔的，无论时代如何改变，也千万不要丢掉你的温柔。

温润如玉，柔情似水

有人总说，时代已经变了，温柔的女人早已经过时了，什么小家碧玉，什么大家闺秀，都已经是“老古董”了，不流行了。的确如此，这个时代赋予了女人更多的特质：有的女人热情、大方得体，如同熊熊燃烧的火把；有的女人开朗、活泼动人，如同夏日璀璨的阳光；有的女人事业心很强，大胆追逐，丝毫不落后于男人。女人们似乎忘记了世界上还有温柔这个特质，忘记了“温柔”这个词语原本就是上天赐予自己的。其实，无论时代如何改变，温柔的女人永远都是美的，都是令人无法忘怀的。

女人，就应该温润，如同羊脂白玉；女人，就应该柔情，似潺潺小溪。热情似火的女人，可能会吸引很多人的目光，可如若没有温柔，热情的火把真的可能将人灼伤；活泼动人的女人，可能会令人眼前一亮，可如若没有温柔，也会像夏天的阳光一样令人烦躁；事业心强的女人，在事业方面可能真的比男人强，可如若没有温柔，也只能形单影只，让男人望而却步了。

只有具备温柔的特质，女人才是优雅的女人，才是一个完整的女人，才能拥有幸福，才能拥抱美好的生活。

莹莹就是这样一个温柔的女人，26岁的她爱上了比自己大两岁的男人。她好不容易鼓起勇气表白，却遭到了无情的拒绝。男人说她这样的女人，时代已经不需要了，现在这个时代需要热情的女人，要活泼，要开朗，更要开放，而她根本就是一个“古董”。

一个女人如果遭遇爱情，她便会全身心地陷入到爱情当中，爱情的力量也是伟大的。她开始改变，开始练习，她出入酒吧，和男人练习打招呼，和女人练习自来熟。她经历了好久的蜕变，终于让别人觉得自己是一个热情似火的女人了。她再次找到了那个男人，没想到还是遭到了拒绝，因为男人已经有了女朋友。莹莹只好放弃了，很长一段时间里，她开始找不到自我，不知道自己是应该继续坚持着热情如火，还是回归到自己的温柔似水。她就这样迷茫着、迷失着。

这样过了三年的光景，莹莹依旧没有恋爱。一次，在街上，她看到了曾经深爱的那个男人，他拥着自己的妻子，那个女人小腹隆起，应该是怀孕了。她偷偷地跟着他们，在餐厅里，她看到他的妻子是那么温柔，给他夹菜，为他擦汗，对他嘘寒问暖。她恍惚间觉得自己错了，在那个女人上厕所的空档，她出现在了男人面前。

“你不是不喜欢温柔的女人吗？为什么还要娶一个温柔的女人做妻子？”

她灼灼的目光吓坏了他，他先是一愣，然后笑了笑回答：“男人居家过日子，没有一个温柔的女人哪行呢？”

“可我当初那么温柔，你为什么不喜欢我？”

“你可以有多种多样的性格，可这和温柔的心是没有冲突的。”

男人转身离开的那一刻，她恍然间明白，女人，应该有一颗温柔的心，至于是什么样的性格包裹着这颗心，就看女人自己了。

女人需要温柔，男人更需要女人温柔。女人，任何时刻，别丢了自己的温柔。

与温柔共存

很多女人总觉得这个时代温柔已经过时了，在她们的定义中，温柔就是内向，就是沉默寡言，就是没有个性。其实，女人完全把温柔定义错了，温柔并非如此。

你可能活泼开朗，你可能像个男孩一样外向，你还可能像个男人一样彪悍，你更可能拥有令其他女人望尘莫及的事业。但是，这全然无妨你保持一颗温柔的心。比如，你在外风风火火，行事风格果断大胆，而回到家里，你换上棉拖鞋、家居服，去阳台闻闻花香，再轻轻系上围裙，下厨做几个老公最爱吃的小菜，晚上和他携手散步，轻言细语地聊天。在外，你是美丽能干的女强人，在家，你始终是他温柔贤惠的妻子。这样的女人，哪个男人不会深深爱上呢？

女人，找回你温柔的天性吧。你可能觉得自己就是个不折不扣的“女汉子”，你不知道该如何温柔，那就不妨按照以下的建议去试一试。

1. 学会体贴

无论你是什么样的性格，这都不妨碍你去体贴别人。温柔地问候几句，轻声地关心几句，这都是你的体贴，这都能表现出你的温柔。对于爱人也是如此，你的性格可能真的是大大咧咧、粗枝大叶的，可你偶尔体贴一下，爱人感受到的温柔却是加倍的。

2. 卸下你的伪装

不得不说，很多女人在外面都是有伪装的，有些是刻意的，有些是无意的，有些则已经是习以为常的了。在下属面前，你可能面如包公，铁面无私；在上司面前，你又显得谦虚内敛，不苟言笑；在客户面前，你不得不殷勤周到，又时刻提防。可是，这样的你，难道不累吗？在朋友面前，在爱人面前，在家人面前，你就没必要再继续伪装下去了。卸下你的伪装，轻松地享受生活，温柔便不请自来了。

3. 和温柔的女人在一起

一种气质是相互影响的，尤其是对于女人来说，如果你总是觉得自己不温柔，那么不妨寻找温柔的女人，和她们做朋友，向她们学习，让她们渐渐感染你，或许自然而然你就变得温柔了。

不温柔，不女人，是女人就应该温柔一点儿。温柔，它是女人的一种特质。无论你具有哪种性格，请不要丢弃温柔，因为温柔产生的魅力真的是超乎想象的。年轻的时候你可能不懂，随着时间流逝，你会明白的。

平淡的流年，更要温柔似水

少年时期，面对一份感情，女人一层一层剥开它神秘的面纱，带着羞涩，带着懵懂；青春时期，面对一份感情，女人就如同站在高塔上，尽情向远处瞭望，带着激情，心中充满向往。可是，当青春悄悄流逝，时光似乎定格，一切都已经成为定局一般，每一天似乎都是重复的，都是一样的，女人却一天天变老了。平淡的流年，该如何度过呢？如果你想不到别的办法，那就用你的温柔去面对吧。

激情过后的温暖

女人的一生，总是要经历这样或者那样的过程，从一个梳着羊角辫的小女孩，到一个亭亭玉立的少女，再到一个成熟有韵味的女人。从女孩到女人，这是一个必经的过程。很多二三十岁的女人，总是不愿意承认自己是“女人”，更愿意别人称呼自己为“女孩”。没错，女孩都不想长大，还是“女孩”的时候可以让人宠着疼爱着，成为了“女人”似乎就老了，要开始宠爱别人了。可是，尽管不愿意承认，可年龄早已成定局，不管你愿意不愿意，它都会一天天地增长，还是静静地享受女人的曼妙时光吧。

可心理落差总是有的，尤其是恋爱里的落差：玫瑰没有了，生日的惊喜没有了，甚至连晚上睡觉时的拥抱也没有了。女人，不要和平淡的流年较劲了，当激情和浪漫已经褪去，就静下心来，享受生活里点点滴滴的温暖吧。只是这些温暖，需要你用一颗温柔的心去感知、去创造。

呢？或许你真的是出于细致的考虑，也或者是自己不经意间便脱口而出了。可是，你有没有注意到爱人落寞的眼神，那里涌动着失望，甚至是泄气和自卑。男人，都是要面子、讲尊严的，这样的对话，会深深伤害他们的自尊，如果在人前说这样的话，更是会让他们跌面子，由此还有可能给家庭带来不必要的战争。

一个人如果想做成一件事情，肯定是需要别人的支持的，很多成功人士，在一开始屡遭失败，都是因为没有人支持，而当支持的人出现，不论是精神上支持的朋友，还是物质上支持的合伙人，都会让他们离成功再近一步。男人想要成功，必定少不了支持的人，而那个支持他的人，如果是自己的妻子，这种支持的力量是加倍的。

苏晓是一个十分安静的女人，她有一份稳定的工作，一个可爱的女儿，一个疼爱自己的丈夫，她觉得自己的人生就会这样过去了。哪知，自己的丈夫萌生出创业的念头，一门心思地想要发家致富。他和她商量，要和朋友开一家韩国服装店，她说好。他忙于服装店的装修、招聘、进货、卖货等许多事情，她一边工作一边带孩子，结果他赔得干干净净。她说没事，做生意本来就是有赔有赚的。

后来，他要入股市，和妻子商量，因为有一个朋友有点儿门道，她说好。他便大手大脚地干起来了，可是，结果发现那个朋友根本就是在吹牛，赔了钱，朋友跑了，他却抵上了自己的全部家当。他抱着她，说对不起她和孩子，可是她依旧温柔地支持他说，哪有人是顺风顺水的，还不是一点点摸索出来的。

后来，他说做茶叶生意，自己的一个朋友是种茶的，这几年行情很不错，女人说好。他又开始一心扑在茶叶上，可是，遇上了骗子，把茶叶骗走了，钱却都赔了。他回到家里，再也不想做生意了。女人依旧对他好，鼓励他，支持他，叫他先沉静一段时间，等好点儿了再继续。这一次，他说再也不愿意做生意。他开始在家里做家务，这才发现自己的妻子白天要工作，晚上要做家务和带孩子，是有多劳累，一个大男人泪如雨下。第二

天，他找了一份工作，开始安安稳稳地过日子。一次偶然的机会，他和朋友找了投资人，开了一家创意玩具店，生意越来越好，他也当上了小老板。日子也终于好起来了。

他把妻子搂在怀里，轻声地问她，为什么那么冒险的事情还会支持自己去做呢？她坦然一笑："要是不让你试一次，你一辈子都不会甘心的，与其让你一辈子闷闷不乐，还不如让你试一试呢。"她还说："我不支持你，你还奢望谁能给你力量呢？"

是啊，一个丈夫，如果连自己的妻子都不支持自己，那还奢望谁能给他力量，支撑他继续走下去呢？

如果你爱他，就请支持他，哪怕他去冒险。你的支持对于他是最大的鼓励，你的温柔是他坚持下去的伟大力量，请记得，你的爱是他最大的运气。

让温柔化作力量

当然，女人也有女人的顾忌，男人偶尔一时兴起，想要做这个，想要做那个，难道就任他去做吗？女人比男人更懂得家庭的重要，比男人更有家庭的责任心。可能女人会以家庭为重，不愿意让男人去冒险。

可是，如果你不让他去试一试，他这辈子都不会甘心的。男人有时候还就喜欢跟你对着干，你越是不希望他做的事情，他就越是想要去做，此时，你们也就免不了争吵了。

如果真的遇到这样的事情该怎么办呢？

1. 别急着否定

不要在他刚说出这件事情的时候就立即否定他。你这么不经过思考就否定他，会让他更不甘心放弃的。你可以含糊地回答说先试一试。或许他刚开个头，自己就放弃了。总之，不要着急否定，或许他真的可以成功也说不定呢？如果这件事真的不行，那就温柔地劝说他，和他好好沟通。

2. 做他的军师

男人的成功是离不开女人的，如果你想让他试一试，可又不放心他，那就做他的军师，和他一起探讨，一起努力，没准儿，这件事情就真的这么成了。

3. 放任自流

男人和男人是不一样的，有的男人大男子主义，特别独立有主见，有的男人却喜欢女人和自己一起讨论。如果你觉得自己的男人属于前者，那就放任他，给他自由吧，让他自己去闯，让他自己去做。等他一个人觉得闷了，遇到困难了，自然会主动跟你倾诉。但是，虽然不干涉他，可也别忘了对他的事情时不时关心一下。

爱是最有力的支持，温柔是最暖人的爱。男人需要这种支持，男人需要这种爱。如果你爱他，就请给予他温柔的支持吧。

要事业心，也要温柔的心

过去的女人，如同男人的附属品，遵从三从四德，整日里都在家相夫教子。而现在，女人已经不再是从前的女人了，告别了家庭主妇的生活，登上了社会的大舞台。很多女人不相信女人就比男人差，很多女人也想要像男人一样强大，于是，女人有了一颗事业心。女人，毕竟是女人，即便是想要辉煌的事业，想要和男人一样打拼，也依旧需要保持一颗温柔的心。

用温柔创造事业

随着时代的发展，一批又一批的时代女性走上了社会的舞台，她们衣着光鲜，气场十足，在职场中占据着重要的地位，她们自信满满，为自己的美好未来而奋斗。这些女人有一个十分显著的共同特点——她们都有一颗事业心。有事业心是好事，这个时代早就不只是男人的天下，女人同样可以闯出自己的一片天空。只是，事业心可以有，温柔的心也不能丢。

女人可以和男人一样有着壮志雄心，在职场努力打拼。可是，作为一个女人，那就一定要有女人的特点。如果一个女人在闯荡职场，或是在生意场上打拼的时候，和男人一样，忙起来正餐也顾不上好好吃，胡乱对付几口就算了，衣服随便一套就开工了，偶尔像男人一样撸起袖子干活，甚至和男人似的一下子扛起一桶水，这样不是不可以，只是你再怎么努力，能在这方面超越男人吗？你力气再大，还能比一个男人力气大吗？你体质再好，还能比一个男人体质好吗？很多时候，女人真的应该认识到，在有些方面，自己再怎么努力也是比不过男人的。不过，不要着急，因为你有你的优势，而这些优势，男人也是无法拥有的。

温柔就是女人的优势。以柔克刚，说的就是这个道理。

温馨就是一个事业心很强的女人。她小时候家里很穷，一家五口人住在三十多平米的房子里，她甚至没有一个正儿八经的床。温馨大学毕业之后没有继续读研，先是在一家外企做行政工作，后来又进入了一家合资公司做策划，工作越来越好，薪水也越来越高，可她掰着手指算了一下自己的薪水，根本无法让她在这座城市里扎根，这个时候，她很清楚自己只有两条路可以走：第一是凭借自己的容貌，傍个大款，可能自己一生的命运就改写了；第二是下海打拼，创出自己的事业来。思来想去，她选择了第二条路。

女人创业本来就是艰辛的，她开了自己的工作室，主要做婚礼策划。创业的过程自然是辛苦的，她曾经因为婚礼现场的一点儿小意外，差点儿被客户拒绝付款，还因为和一些合作公司的不愉快，被人推倒在地，脚崴了一个多月。可是，后来她坚持下来，注册了公司，慕名而来的客户也越来越多。

几年后，她去参加大学的同学聚会。所有人都以为开公司之后的她应该强悍了许多，最起码气场逼人，像女王一样霸气。可是没想到的是，她依旧那么温柔似水，一身小女人的装扮，微笑甜美，令人看着就怦然心动。

有人问她："怎么做了老板，还是这么小女人？"

她捂嘴偷笑："难不成我还该像个男人吗？"

同学中还有一个也是做婚庆的，经常遇到一些难缠的客户，他问温馨："我一个大男人都被折磨得焦头烂额的，你是怎么对付他们的？"

温馨回答说："微笑，然后温柔地看着他，温柔是女人的优势。"

女人就是要将女人的优势发挥到极致，否则怎么能称作女人呢？带着温柔的心去做事业，你也许会比男人做得更出色噢。

温柔女人心

女人或许会说，创事业，就应该像男人那样霸气一点儿，否则怎么能称之为创事业呢？这句话可就大错特错了。你看杨澜，事业有成吧，可是她依旧小女人味十足，还有许多的成功女性，她们事业有成，可仍保留一颗温柔的女人心。或许，真的是这颗温柔的女人心给予了她们的事业莫大的帮助，让她们能够不急不躁、韧性十足，完成连男人都不能完成的事业。

女人，应该有女人的特质，如果和男人一样，那这世界何必有男女之分呢？记住自己是一个女人，要使用女人的方式进行打拼。在这里，教会你如何用女人的方式打拼自己的事业。

1. 爱惜自己

女人，一定要爱惜自己，身体是革命的本钱，这句话放在女人的身上要比男人合适得多。为什么呢？因为女人的体质本来就弱，男人可以顿顿吃泡面撑好久，可女人不行，身子会吃不消的。女人，一定要爱惜自己，让自己吃好，让自己穿暖，健康的身体才是事业的基础。

2. 展示自己最美的一面

有人总觉得女人做事业不能出卖色相。可是，把自己打扮得美美的，给对方留下一个好印象，难道这也有错吗？好的印象才是双方达成合作的开始，女人真的应该把握自己的这项优势。

3. 记住，没有人会怪你

做事业，总会有走下坡路的时候，没有人是可以一帆风顺的。当你遭遇挫折，记得用一颗温柔的女人心去对待，用自己的温柔化解一切压力，告诉自己：“没关系，我是女人，我已经尽力了，即使我做得不够好，也没有人会怪我的。”这样，或许你会一身轻松，更加没有后顾之忧地去打拼。

最后，要记得无论多要强的女人，终究会被柔化在一个男人的怀抱里。当你事业有成，不要忘记自己还有更重要的事情要做，那就是找一个疼你爱你的男人共度此生。不要觉得自己已经事业有成，就一定要找一个比自己更强的男人，感情的世界是和事业无关的。

温柔地感恩，微笑面对每一个人

人的一生要经历太多的事情，也会遇到太多的人。人活在世，感恩于心。感恩父母，因为是他们用爱浇灌了我们的成长岁月；感恩朋友，因为是他们丰富了我们的世界；感恩爱人，因为是他与自己携手共度此生；感恩孩子，因为是他延续了自己的生命；感恩每一个陌生人，因为是他们让我们知道自己的渺小；感恩这个世界，是因为它的存在，自己才得以度过多彩的一生。女人，用你的温柔去感恩吧，这个世界值得你这样做。

一切都是值得感恩的

大多数女人都过着这样的生活：相夫教子、洗衣做饭、孝敬公婆。女人，似乎总觉得别人应该感谢自己，毕竟女人是世界上最操劳的，全世界最琐碎、最单调、最无趣的事情都落到了女人的头上。可是，不要忘了，世界上所有东西都是相互的，当为别人付出的时候，你也同时得到了许多。所以，女人需要常怀感恩的心，带着温柔的眼去看，就会发现，这个世界上的一切都是值得我们感恩的。

想想看，我们每天享受的阳光，是免费的；我们呼吸的空气，是免费的；父母的疼爱，是免费的；爱人的呵护，是免费的；朋友的信任，是免费的；一切欢笑、快乐全都是免费的！世界上最珍贵的东西都是免费的，我们难道不应该感恩吗？

她叫小米，她真可以算得上天底下最善良的女孩了，也真能算得上天底下最傻的女孩了。从步行街的一端到另一端，遇到了那么多乞丐，她优雅地在他们每一个的碗里投下了一块钱，看到特别值得同情的，她甚至还会投下更多。虽说一块钱不多，可步行街这一带是乞丐的聚集地，总会有那么一些人说自己家乡旱涝，抑或是身体残疾，或是迷路找不到家人，还有一些是带着孩子一起乞讨的。总之各种各样的乞丐都有，这一路走过来，少说也有十来个了。

她是来这座城市旅游的，负责接待她的是高中同学小瑞，当她正又要把一元硬币投入到一个乞丐的破碗中时，小瑞及时制止了她："你这样给，是给不完的，他们都是骗人的。"

她眨巴一下眼睛，调皮地说："宁错投一千，不放过一个。"

只要是遇到乞丐，她都会给钱，这一路走来，给出去的钱有三十块之多了。回到小瑞的宿舍里，小瑞把小米一顿数落，小米这才讲述了自己的故事。

那是在大一的时候，小米刚做完兼职，已经是晚上九点了。她这才想起还没吃晚饭，正好刚发了工资，那就找个地方好好吃一顿再坐公交回学校吧。小米在一家餐厅坐下来，正准备点餐，才发现自己的包被划破了，里面的手机、钱包全都不翼而飞了！小米立刻反应过来，自己这是遇到小偷了！想想这一个月的辛苦所得都打了水漂，不要说接下来大半个月的生活费没了着落，不要说自己此刻还饿着肚子，就连待会儿坐公交的钱都没有了。看着外面黑暗的夜色，伤心、愤怒和恐惧一起涌上心头，小米竟然忍不住趴在餐厅的桌上哭了起来。老板是位慈祥的阿姨，她走过来，温柔地询问："姑娘，怎么了，你没事吧？"听小米哭着说了事情的经过，老板安慰道："姑娘别难过了，人没事就好。还没吃饭吧，阿姨给你煮碗面吃，再送你回学校。你啊，回去踏踏实实睡一觉，明天该挂失挂失，该报警报警，没事儿，啊。"后来，老板帮小米付了打车回学校的钱。每当回忆起那个晚上，那碗免费的热汤面，小米就会觉得身上充满了温暖的力量。

"如果我那天晚上也被人当成是骗子，估计我就要流落街头了。所以我就想，即使这些乞丐里有人是骗子又怎么样呢，我总会帮到真正需要帮助的人。"小瑞愣住了，是啊，就是因为人们想得太多了，善良没有了，感恩没有了，剩下的都是不信任和猜忌。她拍了拍小米的肩膀，逗她说："嗯，我支持你，善良的天使小米同学！"

用微笑去面对世界

当你怀着一颗感恩的心去面对这个世界的时候，一切都是美好的。明媚的阳光照耀着我们，让我们感受到温暖和热情，值得我们感恩；天降甘露，滋润着大地，清洗了这个世界，值得我们感恩；路边的野花散发着独特的香气，让我们心旷神怡，值得我们感恩；好人帮助过我们，我们应当感恩，祝好人一生平安；坏人伤害过我们，让我们知道这个社会的黑暗，让我们吸取了教训，我们也应当感恩，祝坏人早日伏法。

一切的一切都值得我们感恩。我们应当拥有一颗感恩的心，用微笑去面对这个世界，用微笑去迎接自己的每一天。

那么，从现在开始做些什么呢？

1. 对日常接触的人微笑

也许是小区的保安，也许是公司看车的大爷，也许是每天坐的公交车的司机，对他们微笑吧，他们给你的生活带来了安全和便利。

2. 对陌生人微笑

他们曾经帮助过你：可能是你追赶公交车时，车里提醒司机等一等的陌生的乘客；可能是你迷路时，热心给你指路的陌生路人；可能是你怀孕了拎着重物回家时，主动帮你提东西的同个小区里的陌生住户。他们都有一个共同的名字叫陌生人，可他们都曾热心地帮助过你，记得在接受帮助的时候一定要致以真诚的微笑和道谢。

3. 对自己微笑

世界是美好的，你还生龙活虎地、身心愉悦地生活在这个世界上，那么，你也应该给自己一个微笑。感谢自己的坚持，感谢自己的操劳，感谢自己让自己过得如此快乐。

第十章

梅花，生活是一首执着的歌

“墙角数枝梅，凌寒独自开”“梅花香自苦寒来”“暗香浮动月黄昏”，从古至今，不知道有多少文人墨客喜欢赞颂冬日里那一抹嫣红，它圣洁而高贵，它坚强而独立，对于生活，它从不畏惧。这就是岁寒三友中最妖娆多姿的一员——梅花。女人，应当如一枝梅花，寒冷冬日又如何，荆棘满路又如何？生活，始终都是生活，再困难，再艰辛，我们也要继续走下去，就如那朵盛开在墙角的梅花，即便是寒冬腊月，也向世人展示着自己最美的风姿，它冷艳、圣洁、高贵，对于严寒，从来都只会说：“来吧，我无所惧。”

不要怒气，只要和气

女人的生活中总会伴随着许许多多鸡毛蒜皮的小事，事情不大，却十分烦琐，因此，常惹得女人烦躁易怒。爱生气的男人不多，爱生气的女人却随处可见，女人天生就比男人心思敏感、细腻，也难怪更容易生气，可倘若女人自己还不懂化解这怒气，偏爱钻牛角尖，可不就成了受气包了？生活原本就是艰辛的，何必和自己过不去呢？收起自己的怒气，将怒气转化为和气，正所谓化戾气为祥和，凡事以和为贵嘛。

平心，静气

生活中总充斥着鸡毛蒜皮、芝麻绿豆的小事，对于一个女人来说，更是如此。都说女人的心眼儿和针一样，正因为如此，女人才更容易生气、发怒。和丈夫发生摩擦，女人会发怒；和公婆发生矛盾，女人会发怒；和同事发生口角，女人会发怒；和上司发生冲突，女人还是会发怒。生活中似乎到处都是怒气，如果总是如此，那女人岂不是活得太累了吗？

发怒，从任何一个角度讲，都是对女人有害的。对身体而言，发怒是有害健康的，曾经有科学家做过实验，结果显示，人发怒时排出的气体可以将一只小白鼠毒死，怒气当真成了一种毒药。而女人最在意的容颜，也会因为发怒而衰老，这就是为什么很多人都说爱生气的女人老得快。对心理而言，女人更是会因为发怒而不能好好享受生活，那双迷人的双眼也就会被怒气遮挡，再也无法发现生活中的美景。

生活是用来享受的，不是用来填满怒气的。平心，静气，去好好享受生活吧。

她可是出了名的好脾气，美丽、善良，是个人人都夸赞的好姑娘。可是，相貌不差、学历也不低、家庭条件也不错的她，却嫁给了他。他学历低，工作的收入也没有她高，家庭条件也很差，可是，却十分疼她。爱情里的女人是伟大的，为了爱情可以什么都不计较，她就这样嫁给了他。

爱人因为她的不嫌弃而倍感珍惜，可她的婆婆却并非如此，婆婆的观念十分传统，认为女人就应该伺候自己的男人，伺候自己的公婆。加上她的婆婆有两个女儿一个儿子，他是家里唯一的儿子，婆婆自然尤为宠爱，更不允许他受一丁点儿的委屈。她加班回家晚一点儿，婆婆就是一顿数落，她早上起来晚点儿，做早饭晚了点儿，婆婆又是一顿臭骂，婆婆对她各种不满意，尽管她什么都做得那么好。丈夫疼她，经常和母亲交涉这些事，可交涉的后果，是让婆婆更加讨厌她，认为她总是告状。周末，对于别的女人是最轻松的时刻，可对于她来说却是比上班还要累，婆婆的两个女儿来这里过周末，她要伺候一家老小，有时候把两个姐姐送走，已经晚上十点钟了。

朋友都劝她和婆婆分开住，甚至连爱人也想和自己的妈妈分开住，可她不同意，觉得那样老人会伤心的。她从来没有和婆婆顶过一句嘴，婆婆说什么就是什么。有一次，她无意间听到街坊邻居在背后骂她，后来才知道原来是婆婆到处说自己的坏话。爱人都有些气不过了，想要和自己的妈妈去理论，结果她却没生气，还是把爱人拦住了。

后来，婆婆出了一次车祸住院了。所有人都说她这是遭了报应，可她却什么都没说，忙里忙外地伺候着，而婆婆的女儿呢，却一次也没来过。婆婆也终于意识到儿媳妇是真心待自己好。

婆婆出院之后，对她也改变了不少。很多人问她，难道婆婆那么对她，她就真的不生气吗？她腼腆地笑了笑，说："本来婆婆就难为我，若还生气的话，不更是为难我自己了吗？"

别人给自己气受，自己若是再生气，不是自己为难自己吗？人生短暂，闹心的事情又那么多，何苦自己还为难自己呢？还是平静心绪，学会排解烦恼吧，别忘了，生气是拿别人的错误来惩罚自己。

女人，平心、静气，让自己活得洒脱一点儿。记得你是女人，你应该淡定而优雅地生活。

及时给自己排毒

一片叶子落在水里，便能激起湖面的波纹阵阵；一颗石子掉入湖中，让湖水不再平静。人活在这个世界上并不是一个独立的个体，许许多多的人才集聚成了社会这个大团体。人是不可能不与别人交往的，所以，也就难免会产生摩擦、发生误会了。在所难免的事情，如果总是为此发怒，不知道要有多少怒气呢？

所以，一个女人在生活中要学会及时给自己“排毒”，排出那些令自己生气的“毒素”，让自己的内心保留一丝平静，保有原本的清澈和透明。及时给自己排毒，让那些烦人的情绪垃圾远离自己，永远不要打扰自己。

可是，女人天生就是一个“小心眼儿”，如何才能让自己告别发怒，远离怒火呢？

1. 升华自己的内心

一个人为什么会发怒呢？可能是因为虚荣心得不到满足，可能是因为小肚鸡肠不懂得宽容，还可能是盛气凌人遭到了压制。这个时候，其实什么都不用做，只需要审视自己，是不是有积极的追求，是不是有健康的内心。当你知道自己错在哪里的时候，也就不会再那么容易发怒了。

2. 换一个环境，换一种心情

人在一个环境中发怒过后，环境的熟悉和压抑很容易让她对这个环境持续发生抵触。聪明的女人，会懂得迅速到另一个环境中去缓解自己。

3. 学会宣泄

怒气带有负面的情绪力量，且这种力量是非常强大的，强大到可以摧毁一个人的内心防线。此时，如果不及时将这种力量释放出去，是会影响到人的心理以及生理健康的。学会宣泄，可以做一些体力劳动，也可以做一些体育活动，甚至可以抱着朋友痛哭一场，只有把这股怒气发泄出来，你的心才能放松下来。

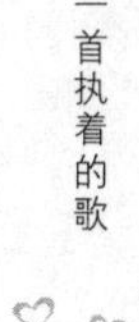

坚持下去，或许就能到达彼岸

在男人眼中，女人似乎是三分钟热度的代名词：要减肥，坚持不了几天就开始大吃大喝；要美容，做不了几天面膜就已经抛在了脑后；要学习瑜伽，一期的课程还没学完就已经放弃了。如此看来，女人似乎真的是三分钟热度，如果你也曾在生活中觉得自己总是一事无成，千万不要怀疑自己的天赋。你不是愚笨，你只是少了一点儿耐力。请记住，做任何事，坚持下去，你会到达成功的彼岸的。

凡事，最怕坚持

生活在这个时代里的女人，可能比任何一个时代的女人需求的更多，在以前，女人只是在家相夫教子、洗衣做饭，可这个时代，女人需要一个完美的身材，需要一张漂亮的脸蛋，需要一个出色的老公，需要一份稳定的工作……于是，这样的生活又给女人制造了那么多的困难。

女人想要完美的身材，不断减肥，节食加运动；女人想要漂亮的脸蛋，不断做美容做护理；女人想要出色的老公，要么不断调教自己的男朋友，要么就不断物色合适的男人；女人想要稳定的工作，跳槽、努力，不断奋斗。可是，结果呢？成功的女人又有多少呢？寥寥无几。嚷嚷着减肥的女人，二十个里面可能有一个成功了；整天想要完美肌肤的女人，三十个里面可能有一个成功了；整天想要出色老公的女人，五十个里面可能有一个成功了；而想要事业的女人，一百个里面可能才只有一个成功了。

为什么有着同样的欲望，却得到了不一样的结果呢？答案就在两个字：坚持。

她叫晓梅，在所有人的眼中都是一个奇女子，为什么说她神奇呢？因为在别人眼中做不来的事情，在她那里似乎是轻而易举就能完成的。好几个同事听说有一段健身操既可以健身又可以减肥，大家一起做，别人坚持了几天就又被新的减肥药转移了注意力，而她一直坚持，结果变得健康也更加苗条了；每天早上一杯蜂蜜水，既可以养颜，又可以避免便秘，同事们在聊天的时候说到过，却总是三天打鱼两天晒网的，而她一坚持就是三年；朋友发现的面膜超级有效，推荐给她，她坚持每个星期一次，朋友的皮肤还是像之前那样，而她呢，皮肤好得不得了；而工作上，她更是“一条道走到黑”，先是站稳了脚跟，然后又得到了不断的晋升。

似乎，很多事情，她做起来都是得心应手，而且轻松无比的。最近十分流行十字绣，同事们都跃跃欲试，这天下班，她们一起去专卖店挑选了自己喜爱的十字绣。她也挑选了一对枕套，说是要给自己和老公绣一对情侣枕头。上班的空闲时间，大家都开始绣十字绣了，可十字绣是个磨耐力的活儿，没过几天就有打退堂鼓的了，有的嫌难就把十字绣送给了别人，就连那些选择绣小钱包的同事也都把十字绣扔在一边了。唯独她，笑而不语，耐心绣着自己的作品。

历时半年多，她的作品终于完成了，她装上了枕芯，拿给大家看，大家看着她的十字绣枕头，一个个垂涎欲滴，满是羡慕和嫉妒，都十分后悔，自己当初怎么就没坚持下来呢？要是坚持下来，自己不也有一个满意的作品了吗？一个同事问她：“晓梅，为什么这么多人只有你能做完而我们半道上都放弃了呢，给我们介绍点儿成功的经验吧。”

晓梅把自己的抱枕收了起来，她没讲什么经验，也没讲什么大道理，而是和大家说：“沙漠里的骆驼走得很慢，可是，沙漠里的人还是选择骆驼，因为他们知道骆驼虽然走得慢，可无论如何它们都能坚持到终点。”

凡事，最怕坚持，困难的死对头还是坚持。只要你敢于坚持，什么事情对于你来说都是轻而易举的，都是顺其自然的，一切的一切终究不是你的对手。

就像是骆驼一样，它们虽然脚步很慢，可是，它们拥有一颗勇于坚持的心，即便是再炎热的天气，再难走的沙漠，也将不是它们的对手，它们的目的地永远都是那个终点。

生活，需要一颗坚持的心，只有这颗心才能带领你到达成功的彼岸。可能那个彼岸只是一个简单的小目标的达成，瘦身成功、美容有成效、体质有好转，抑或是升职、加薪，只要你肯坚持，什么事情都是小CASE。

让坚持成为一种习惯

很多人不喜欢坚持，做事总是半途而废，可能在大事上会尽自己最大的努力，去争取，去奋斗，可是在小事上就不是这样的了。坚持运动，坚持健康的饮食，坚持做皮肤护理，坚持每日对自己的工作进行总结……

第一次坚持的过程总是有点儿困难的，可是坚持过后，一切都养成了习惯，一切也就都自然而然，也就没那么困难了。就像是学游泳的过程那样，一开始觉得呛水是一件很难受的事情，可是只要坚持学下去，呛着呛着也就习惯了，然后也就学会了。生活中也是如此，很多事情可能看起来十分困难，可你坚持那么一下下，也就习惯了。

养成坚持的好习惯，也让坚持成为一种习惯，你会发现生活中原本困难的事情，其实都是如此的简单，如此的得心应手。

如果你还在为如何坚持烦恼，不妨试一试以下的小方法。

1. 从小事开始吧

生活，原本就是由许许多多的小事堆积而成的，想要做成一件大事，就要先完成许许多多的小事情。如果你也想成为一个不畏惧生活的“小女人”，那就从小事上做起，可以先从每天晨起喝一杯水开始。

2. 心灵的力量

女人的心灵，是有很强大的力量的，当你想要放弃的时候，记得像念咒语那样告诉自己，再坚持一分钟，或者再坚持一小时，或者再坚持一天、一个月，很有可能你就这样坚持着、坚持着，也就习惯了。

3. 给自己找个伴儿吧

一个人坚持做一件事情，似乎总是有些枯燥的，那么不妨给自己找个伴儿，两个人或者三个人互相监督、互相鼓励、互相支持，原本单调而枯燥的事情或许就会变得有意思多了，而坚持下去也就没那么难了。

屈服和坚持，其实只在你的一念之间，稍稍动动念头，意志的天平就会倾向于坚持这一边，坚持下去，你会得到你想要的生活。

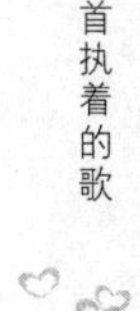

再困难的生活，也无法抵挡执着的心

生活，总少不了这样或者那样的快乐和幸福，当然，也少不了这样或者那样的挫折和困难。这就是生活，喜忧参半，让你尝尽人生的酸甜苦辣。只是，很多人并没有参透生活的秘密，当困难和挫折来临的时候，还没有等到幸福和快乐的到来，便已经向生活缴枪投降了。女人，面临挫折和困难的时候，应当保持一颗执着的心，你才是自己生活的主角，你倒下了，还期望谁能帮助你站起来呢？

女人当自强

时间永远都在向前走，绝不会等待着谁，生活也是永远都在时间的带领下向前冲，绝不会守护着谁。漫漫人生路，不可能永远都是平坦的，可能有荆棘，可能有险滩，还有可能有一块大石头挡住了你的去路。生活，永远都不可能避免的便是磨难。

生活赐予了女人家庭主妇的角色，如果你觉得这个角色就只需要洗衣、做饭、看孩子如此简单，那么你就大错特错了，生活可不会让女人如此的轻松。对待子女，女人是成长导师，要照顾到子女的衣食住行，还要关注他们成长过程中的一举一动；对待老人，女人是生活助手，几乎要满足老人的一切需求，合理的要满足，不合理的还要满足，最重要的是让他们能够安度晚年；对待爱人，女人更是超级女英雄，关于他的一切，生理的、心理的，都需要女人一一过问，当爱人金钱压力过大的时候，女人还要分担起挣钱养家的担子。

没错，生活对于女人就是如此，不用感叹不公，也无须懊恼太累，女人只需要保持一颗执着的心，即便是再困难的生活也可以坚强度过。

女人当自强。似乎每一个女人的生命中总会有一条华丽丽的分割线，她也不例外。在这之前，她一直过着公主一般的生活，家庭条件原本就优越的她，作为独生女，备受父母的疼爱，后来嫁给了做生意的他，更是过着贵妇一般的生活。她绝对是一个柔弱的女人，这一点所有人都已达成了共识。她胆小，晚上若是他在外应酬，她是绝对不敢睡觉的，就连生孩子的时候，她都是让他陪着自己进的产房。就是这样一个女人，她的生命中出现了一条分割线。男人生意受挫，被自己的好友骗走了一大笔钱，几乎是倾家荡产，她的父亲也患上了重病，医药费成了无底洞，就是把父母辛辛苦苦攒了一辈子的钱都搭进去，也不一定填得满。而她的孩子才刚刚上幼儿园，那是一所贵族幼儿园，每个月的费用都需要好几千块。

男人似乎从没遭遇过如此大的挫折，一蹶不振的他，终日里酗酒，她整天都看不到他的人影，直到有一天，他离家出走，没留下只言片语。生活的重担一下子压在了她的肩膀上。大家都觉得她不行，事情发生之后，她失踪了一整天，所有人一起找她，在海边找到了她。然后，她硬是站起来了，她找了一份工作，挣得不多，可工作时间比较灵活，让她能照顾孩子和老人，她为孩子换了一家便宜的幼儿园，自己父母那边也坚持经常过去看看。

压力和劳累会让一个人迅速变老，尤其是一个女人，她迅速消瘦下来，乌黑的头发里也多了几根白发，父母心疼她，可是又不能代替她做这一切。就这样，她苦苦撑了三年，孩子大了，开始上小学了，费用也就没那么高了。而父亲终究是斗不过病魔，她送了父亲最后一程，让他安详地走了。很多人都劝她离婚，找一个有钱的男人再嫁，甚至有人给她安排相亲，可她除了摇头，什么话都不说。

那一年冬天，她终于守得云开见月明，男人回来了，依旧是西装革履，只是和她一样苍老了许多。他们依偎在一起，男人讲述着自己这三年的经历，他说自己有一次喝酒回家，发现她一个人在家里洗衣服，脸瘦了一圈，手那么粗糙，他一下子酒就醒了，他发誓自己要重新给她美满的生活，于是他走了，他要去找那个骗他的人，准备东山再起。

他问她为什么这几年一直有勇气坚持下来。她眼睛里含着泪光，微微笑了笑：“我也想过放弃，那天我去了海边，风很大，我看到浪头一个接

一个打着海边的礁石，礁石上都有痕迹了，我就想只要自己像海浪一样，就肯定有把礁石打败的一天。”

生活最怕执着，再困难的生活也无法抵挡一颗执着的心。女人，就应当像海里的浪一样，只要不放弃，只要坚持下去，就一定能把生活中阻挡幸福的礁石打败。

不放弃，就成功了

女人，千万不要放弃。

当然，你可以选择放弃或者倒下，可是，如果你放弃了，你倒下了，那么谁替你继续，谁替你站起来呢？能够依靠的只有你自己，从来都没有别人。

生活中，女人似乎总代表着柔弱和不坚强。新闻报道中也时常出现女子轻生的消息：整容失败了，想了结自己的生命；被男人抛弃了，便自暴自弃，甚至想要自杀；生意失败，自己一败涂地，倾家荡产，更想了结自己的一生。其实，女人，一定要记住一点，只要你不放弃生活，生活绝对不会抛弃你，它非常懂得感恩，只要你对它好，它就会加倍地还给你；只要你不放弃生活，你就是一个生活的成功者。

当你生活中遭遇困难的时候，一定要记得用以下的话来提醒自己。

1.当你觉得行走很困难的时候，那么，你一定是在走上坡路，只要你坚持走下去，前面就一定是平坦的大路。

2.一个女人的价值，并不在于这个女人的一生中成功了多少次，而在于这个女人遭遇困难的时候，爬起来了多少次。

3.如果你选择放弃生活，那么生活绝对会离你而去；如果你选择坚持生活，那么生活绝对会不离不弃。

4.困难就是一块石头，可你不要忘了，水滴石穿，即便你是一滴水，只要你坚持下去，也是可以把这块石头穿透的。

爱情，需要坚持

有人说，爱情就如同一场游戏，玩到最后的都是赢家，在爱情里，坚持到最后的，也都步入了婚姻的殿堂，从此再也不分离。在爱情的路上，可能遇到荆棘，可能遇到坎坷，没有哪段爱情是一帆风顺的，荆棘坎坷是必须的，所以，爱情是需要坚持的。可能会悲伤，可能会有眼泪，如果真的爱，那就坚持下去吧。爱情，是需要坚持的。

撞了南墙也不回头

钱小样曾经说过一句话：“别人是撞了南墙才回头，我是撞了南墙也不回头，我要跨过去！”这样的一句话，肯定让许多女人记忆深刻，如此的执着，如此的坚持，恐怕没有几个人可以做到。

爱情，是一条漫长的路，也是一条艰辛的路。很多恋人在最初恋爱的时候都是抱着一腔热血，即便是看到那么多人因为各种各样的原因分手，也还是会坚定地说“我们是例外”。可是，每当艰难险阻出现的时候，可能是因为对方父母的反对，也可能是因为双方之间的一些小分歧，很多人就扛不住了，然后挥手再见，结束了这段恋情。

很多恋人在分手的时候，伤心欲绝，告诉别人：“我不是不爱了，只是外界给的困难太大了，我们根本不可能走在一起的。”其实，如果真心勇敢地去爱，有谁能阻止你呢？只要你坚定自己的信念，坚持和他在一起的愿望，那么任何人都不可能阻止你去爱的。如果你放弃了，那么只有两种原因，要么是你不够爱，要么就是你不够坚持。如果你还爱，那你就应该坚持下去。

或许人世间真的有一见钟情的传说，大一入校的时候，他们相视一眼，便相爱了。当时，大学里的学姐和学长们都说一见钟情都是玩玩而已，哪有什么一见钟情，只不过是追求对方的托词罢了。可是，他们真的相爱了，这一眼让他们走过了十年的爱情长跑。

校园里他们是甜蜜恩爱的情侣，令人艳羡。大四正值分手季，他们的手却从未失去过对方的温度。毕业之后，她留在这座城市里，在一家艺术中心做行政工作，而他则去了一家汽车公司做销售工作，其实他的家庭条件很好，只是他不愿意接受家人的安排，他甘愿和她一起吃苦。两个人在这个陌生的城市里是彼此的支柱，就这样默默地相爱着。交完房租，他们一起吃一个星期的泡面，发了工资又出去犒劳一下自己。日子虽然过得清贫，可十分甜蜜。到了谈婚论嫁的年纪，她的妈妈给她安排了好的相亲对象，要她回家，她拒绝了。他的妈妈也给他安排了相亲对象，还安排了好的工作，要他回家发展，他也拒绝了。

他们从来没有想到，当遇到儿女的终身大事时，父母竟然会做出如此过激的行为。他的妈妈以死相逼，非要他回家，他实在没办法，只好回了家，临走时，他对她说这辈子只有她可以做他的妻子。她也回了老家，她回来不是相亲，而是为了说服自己的家人的，她费尽了唇舌，还是无能为力。妈妈把她关起来，不允许她出门，她冷静了几天，依然对妈妈说只有和他在一起，她才会幸福。整整一年的时间，她都在和自己的妈妈讲道理、作斗争。妈妈终于同意了。

而他呢，家里给他安排的相亲对象一个又一个，可他就是不喜欢。家里没了办法，不允许他出去，更不允许他见她。后来她来了，站在他家的门口告诉他的父母："他只有和我在一起才会幸福，我等着他。"她被赶了出去，于是，她就在这座城市落脚了，虽然不能见面，可他们可以发短信和打电话，他们整整一年的时间没有见面，可感情依旧很好。

一年过去了，他的父母心软了，放他出来了，可仍旧不允许他和她在一起。没关系，她等着。两年过去了，三年过去了，四年过去了。眼看着他们都已经从刚毕业的大学生变成了奔三的中年人了，他的父母也见到了女孩的执着，终于同意他们在一起了。

结婚的时候，她的闺蜜问她，到底为什么要苦苦等他那么久，又不是没有合适的对象。

她的回答很简单：“因为我爱他。”

一句“我爱你”就已经足够了，足可以支撑你坚持到最后，如果你不能坚持下去，只能说你真的不够爱。世界上能够阻挡爱情的只有自己，从来都没有别人。

是坚持，不是固执

有人说，对于爱情，太过于坚持就是固执。很多人都不明白坚持和固执到底有什么区别，其实，坚持和固执的区别是很大的。爱情，就应该是坚持，而不是固执。

你爱他，可他不爱你，你坚持下去，那就是固执。强扭的瓜是不甜的，尤其是当对方也有意中人的时候，你的坚持只能给他造成困扰，你那不是爱，而是自私，因为爱一个人，是想让他快乐和幸福，不会给他造成牵绊和烦恼。你以为你坚持下去，就可以感动他，就可以和他在一起，可事实真的不是这样的。值得坚持的是爱情，是真正的爱情，而并非一厢情愿。

对于爱情，如果你想要坚持，而不是固执，那就不妨这样做。

1. 给自己一个期限，给他自由

尽管你很努力，也很想和他在一起，可他还是不喜欢你，对你不感冒，那么就给自己一个期限吧，三个月，如果他不能爱上你，那就果断地放弃吧，因为你们不合适。给他自由吧，看着心爱的人幸福，那也是一种莫大的幸福。

2. 再坚持一下下

在阻挠面前，人很多时候会打退堂鼓的，即便是真心相爱的恋人，也常常会有想要放弃对方的念头，其实，这正是考验双方感情的时候。如果你也产生了这种念头，那就告诉自己再坚持一下，一个月、两个月、半年、一年，看看他对爱情的诚意和决心，也看看自己是不是真的能狠心忘了他。

3. 转移注意力

如果爱情实在是太过于令你心痛和烦恼了，那就试着转移一下自己的注意力吧，让自己沉淀一下，双方都静一静，再来考虑两个人的爱情。不要着急做决定，只要不是在平静的心态下做出来的决定，都可能会令你后悔终生的。

爱情，是需要接受考验的，只要你们真心相爱，只要你们真心想要共度此生，那么，没有任何人可以将你们拆开，坚持下去，你们会走到幸福的彼岸。如果连这点儿考验都禁受不住，又何谈相爱，何谈白头偕老呢？

没有刻骨铭心，平平淡淡才是真

“山无棱，天地合，乃敢与君绝”“天不老，情难绝”“在天愿作比翼鸟，在地愿为连理枝”……多少经典的爱情名句，在诉说着一段又一段刻骨铭心的爱情。女人既羡慕又嫉妒，为什么这样的爱情不属于自己呢？为什么自己的爱情一点也不浪漫，总是平平淡淡、毫无波澜呢？很多女人认为，倘若能够拥有一段刻骨铭心的爱情，今生来人间走一圈便是值得了。可是，别忘了，爱情不只是有策马奔腾的轰轰烈烈，还有似水似云的平平淡淡。刻骨铭心固然是好，可是，刻骨铭心大多以悲痛欲绝收场，而且那些轰轰烈烈的爱情都是电视剧里的桥段，平平淡淡的幸福才是你和他共度流年、相伴此生的主基调啊。

爱情，更多的是平淡

轰轰烈烈的爱情里，两个人爱得天崩地裂，爱得惊天动地，爱得无人不知无人不晓。这样的爱情，在电视剧、电影、小说中经常出现。女人，喜欢幻想，特别容易进入剧情中，为了男主角和女主角的爱情，一会儿大哭，一会儿大笑，一会儿把心提到了嗓子眼儿，一会儿又为他们的爱情感到遗憾和纠结。

的确，电视剧里的桥段总是能让女人变得神经质。女人总想让自己变成里面的主人公，和男主角费尽千辛万苦，经历一场生死相依、惊天地泣鬼神的爱情。可是，不要忘了，那些爱情只属于电视剧，只属于电影，只属于小说。也

许你会说艺术来源于生活，可是，艺术是对生活的夸张和再造。试想，如果一部电视剧里，每集都是柴米油盐酱醋茶，你还会看吗?

爱情里，更多的是平淡，或许会有激情，会有浪漫，会有刻骨铭心，会有轰轰烈烈，可当感情稳定下来，当经历完大风大浪，一切终究会回归平淡。如果爱情的每一天都是在轰轰烈烈中度过，想必有一天你也会腻烦，也会厌倦。

夏夏和许多女人一样，爱看肥皂剧，爱看小说，有时候看电视剧，能整晚整晚守在电视机旁，看到伤心的地方，一整盒的纸巾都不够用，看到开心的地方，连在楼道里都能听到她的笑声。夏夏结婚三年了，老公很疼她，总是把她当孩子一样地宠着、爱护着，可是，夏夏总觉得自己的爱情太平淡了，跟电视剧里的相差甚远。

“老公，我希望我们的爱情能够轰轰烈烈一点儿，刻骨铭心一点儿，最好能惊天动地的。”

“算了吧，都结婚三年了，是让你妈再给你找一个有钱帅气的男人，非逼你改嫁，还是让我妈再给我找一个漂亮又温柔的女人，非逼我把你休了呢？然后咱们生死不分开，双双殉情？”

老公的一席话让夏夏觉得十分扫兴，虽说他说得在理，可自己就是不甘心。夏夏便发话了：“要是达不到我满意，那我就不给你生宝宝，因为这样的爱情不稳定。”

夏夏的老公没说话，算是默许了。这天夏夏刚下班回家，就接到了老公同事的电话，说老公出车祸了！夏夏当时吓得腿就软了，急急忙忙就往医院赶，到了医院，夏夏抓住人就问自己的老公在哪里，她从一楼跑到七楼，又从七楼跑到了一楼，结果被告知今天压根没有出车祸住院的。夏夏蹲在门口就哭了起来，她转头一想是不是自己刚才太着急，听错了医院名字，她正打算去别的医院的时候，忽然看到老公站在身后，她一下子就扑进老公怀里。

老公坏笑着，抚摸着她的头，然后帮她擦掉脸上的泪珠。原来，他压根没有出车祸。夏夏破涕为笑，瞪着眼睛捶打老公的胸口。

“不是你说的吗？爱情应该惊天地泣鬼神的，涉及生死，难道不惊天动地吗？”

夏夏转念一想也是，有些羞涩地低下了头，老公在她耳边说，爱情里，平平淡淡才是真，能够平平淡淡走过一生的，才是真正的爱人。

夏夏点点头，然后附在老公耳边说：“我们生个宝宝吧。”

是啊，能够经得起平淡的才是真正的爱情。人生漫漫几十年，即便是有轰轰烈烈，也只是一时的，爱情里，更多的是平淡，也只有平淡才能真正检验爱情。如果你也向往轰轰烈烈的爱情，不妨问问自己，你是否真的禁受得住轰轰烈烈呢？如果不是，那还是享受现在平平淡淡的真切吧。

平淡的才是真的

女人的一生，就是一次寻宝的旅行，在这条旅途上，可能会遇到许多人，偶尔你会以为自己真的找到了宝贝，不用再继续赶路了，却发现找到的还是石头，只能继续向前走。在这条路上，有的人愿意陪你喝咖啡，一起品味咖啡的苦中带香；有的人愿意陪你喝奶茶，一起品味奶茶的甘甜香醇；有的人愿意陪你喝烈酒，一起品味烈酒的辛辣刺激。却唯独有一个人愿意陪你喝一杯淡淡的白开水，无色无味，他甘愿喝下，因为陪着你，就算是白开水他也会觉得甜。

平淡的才是真的，愿意陪你喝咖啡的人，喜欢回忆，也许他在陪你的时候回忆里有别人的影子，谁又知道你会不会成为他的下一个回忆；愿意陪你喝奶茶的人，喜欢浪漫，浪漫的余温过后，谁知道他还会不会将你捧在手心；愿意陪你喝烈酒的人，喜欢激情，激情退却了，他便也离开了。只有甘愿陪你喝白开水的人，才是真的爱你，想和你携手看后半生的细水长流。

那么，女人，应该如何跟爱人携手，愉快地共度这平平淡淡的生活呢？

1. 和他看电影

如果你喜欢刻骨铭心的爱情，那就不妨带着心爱的他一起去看电影吧。让他也体会那种刻骨铭心的爱情，让他能理解你的心思。躺在他的怀里，吃着爆

米花，品味着那些美好的爱情桥段。你们可以一起讨论，甚至可以角色扮演，给生活增添小情趣。

2. 给生活来一点儿小浪漫

太过于平淡的生活，偶尔会令人厌烦。那就花点心思，给生活来一点儿小浪漫吧。比如悄悄规划一场旅行，去哪儿都无所谓，关键是去看看远方的风景，在陌生的城市两个人独处，寻回最初恋爱时的浪漫。

3. 小别胜新婚

如果实在觉得生活无趣，那就分开一段时间吧。女人，你不妨回娘家几天，或是申请出差几天，短暂的分离更能让你感觉到，平日里他平淡的守护才是你人生中最大的宝藏。

忍得了诱惑，耐得住寂寞

生活在大都市的女人们，身处在灯红酒绿、人潮来往的喧嚣和热闹中，可还是常常感觉到寂寞，那种寂寞令人心碎，令人心痛地想要掉眼泪。于是，伴随着寂寞而来的，还有大千世界的种种诱惑。爱情里的女人，当爱人不在的时候，都是有些寂寞的。生活于是对女人多了一重考验，这需要女人做到忍得了诱惑、耐得住寂寞。只有做得到这些的女人，才可以尝到幸福的甜蜜滋味。

越寂寞，越美丽

年少的时候，这个世界总是新鲜的，新鲜到让年轻的女人每天都有忙不完的东西，想要去尝试，想要去探险。这个阶段的女人，无论有没有爱人的陪伴，生活都是充实的。年老的时候，世界对于女人来说变得平淡而简单，让女人满足于留在自己的小天地里，和爱人好好地相守，哪怕相隔两地，她也会甘之如饴地为他留守一个温馨的家。

可是，中间的那一段时期呢？那段时期，正是男人打拼的时候，他们的生活被忙碌、奔波填满，就好像网络上盛传的那句话："正当壮年的男人，要盖房子，他的怀里抱着砖，就没办法抱你了，你如果让他抱着你，你们就没有房子。"这个时候的女人已经经历了青春时的新鲜感，对于世界，她们已经看过了，不新鲜了，寂寞随之而来。生活赐予了她们爱人，也赐予了她们等待。寂寞的女人，更容易受到诱惑，这种诱惑是多方面的，最大的可能来自另外的男人。

可是，女人却忘记了，一个优雅的女人，是因为寂寞而美丽的。越寂寞，越美丽。寂寞更容易让女人体会出生活的安稳踏实，体会世间的美好与沧桑，正所谓心静则凉，只有心静下来，才能品尝生活那种淡淡的幸福味道。诱惑总是尾随着寂寞而来，可如果心是静的，心是坚定的，女人就会喜欢上寂寞的味道，而禁受得住生活中的诱惑。

漫长的街道上，女人身穿一件灰色的风衣，手插在口袋里，头微微地低着，高跟鞋落寞地踩在马路上，女人的心也是落寞的。一阵风吹来，她又把自己的红围巾系了一下，抬头望了望前面的路，一对小情侣走过来，男人把女人紧紧搂在怀里。她叹了口气，继续走路，曾几何时，她也是这样依偎在自己爱人的怀抱里的，可是，现在呢？他此刻在大洋彼岸工作，和自己有着不可逾越的时差和距离，她只能一个人走过漫长的街道，她每一天都走得很慢，因为比起道路上的清冷，家里的空寂更让人恐惧。他们相爱三年了，刚刚结婚，男人就被调往美国总部工作了。

对于男人的离开，女人一开始也是不同意的，男人说这是一个非常好的工作机会，将来有一天他必定会申请回国，那个时候，他就可以给她房子，给她车子，给她一个温暖的家。可如果放弃这个机会，下一次提升的机会就不知道是猴年马月了。她心软了，他们相约三年后再团聚。

可没有男人守护和疼爱的女人，总是寂寞的，她一个人走过了两年的时光了。这一天是圣诞节，她一个人闷在家里实在无趣，于是便走到街上，随处看看。近几年来，国内的圣诞节日气息越来越浓了，到处都是圣诞树和圣诞老人。忽然她接到了一个电话，是她的上司打过来的，她的上司也是她曾经的同学，在公司里对她百般照顾，他喜欢她，这一点凭借女人的第六感，她能感觉得到，可她多少次拒绝了他的好意。她接了电话，上司盛情邀请她去他家里一起过圣诞节。挂了电话，她的内心十分纠结，是啊，圣诞节了，有爱人的都和爱人在一起，没爱人的也和朋友在一起，唯独自己，一个人孤单寂寞。而自己的爱人呢？连个电话都不打给自己，肯定和自己的外国朋友们过圣诞节呢！想到这里，她拦了一辆出租车，去了上司家里。两个人在家里品着红酒，相谈甚欢，上司忽然把手搭在了她的肩膀上，深情地说："我喜欢你很久了。"她一下子酒醒了，迅速拿开上司的手，也不知道为什么，她忽然很恨自己，男人在为自己打拼，而她自己呢？这是在出轨！她迅速逃离了上司的家里，走在街上发现多数店铺都打烊了，她便回了家。

她一回到家，竟然发现自己的男人就站在门外！他张开双臂，调皮地说："怎么样，亲爱的，送给你的圣诞礼物，惊喜吧？"

她哭着扑进了男人的怀抱里，庆幸自己刚刚禁受住了诱惑。

寂寞和诱惑总是一起到来，当诱惑来时，如果你抵挡不住，将会踏进一个万劫不复的深渊，如果你断然拒绝，属于你的幸福便会魔法般从天而降。

享受一个人的寂寞

女人，总说寂寞有什么好享受的，是啊，一个人有什么意思呢？没有人和自己分享喜怒哀乐，没有人和自己聊聊生活琐事，那是一种孤单，一种让人无法忍受的孤寂。

其实，只要你愿意，寂寞也是可以享受的。寂寞的女人，并不是孤单的女人，书可以陪伴你，音乐可以陪伴你，电影可以陪伴你，咖啡可以陪伴你，还有很多很多，只要你愿意都可以陪伴你。没有爱人，你还有闺蜜，还有亲人，还有朋友啊。寂寞中的女人，可以是优雅的；寂寞中的女人，可以是脱俗的；寂寞中的女人，更可以是美丽动人的。那种美沁人心脾，令人难以忘怀，让人忍不住远远地驻足欣赏。

如果你也想学着享受寂寞，那么不妨说服自己按照下面说的去做。

1. 给自己找个伴儿

世界上除了爱人的陪伴之外，还有家人的陪伴，还有闺蜜的陪伴，还有许多东西的陪伴。当爱人不在身边，你应该给自己找一个伴儿。如果你不想打扰别人，它可以是书籍，可以是古筝，可以是钢琴，所有的兴趣爱好都可以充实你的生活，都可以成为那个陪伴你的伴儿。

2. 到外面走走

越是一个人的时候，就越是需要常出去走走，你可能觉得一个人走没有意思，可一个人也有好处啊，没有人吵你，没有人烦你，没有人指挥你，你正好可以随心所欲地走，随心所欲地看。多出去走走，可以一个人买衣服，一个人逛书店，一个人买首饰，一个人喝咖啡，一个人看陌生的风景，然后认识陌生的人，相信你会爱上一个人的时光的。

3. 学会等候

一个等待中的女人，是美丽的，也是充满魅力的。你要坚定自己的内心，他之所以不在，正是因为爱你；你之所以等待，更是因为爱他。坚定自己的心，静静地等候，黎明就在你孤单的梦之后。

忍得了诱惑，耐得住寂寞，女人，当是如此，一个淡定从容的女人，更是如此。

第十一章

风信子，爱和友谊之歌

它的花语是“生命”，它具备轻柔的气质，也具备沉静的爱，这就是风信子。一簇簇的小花集聚在一起，展示出一种团结的力量和一种向上的生活态度。风信子，弹奏一曲爱和友谊之歌。女人，也应如风信子一般，有合得来的朋友，有谈得来的闺蜜。人生，从来都不是一场孤单的旅行，一个女人来到世界上，不仅仅需要父母和爱人，还需要那些共享心事、共担忧愁、无话不说的闺蜜和朋友。她们是爱人以外、能够陪伴你一辈子的人。

只有爱情是不完美的

爱情，每次听到这个词语，总是能让女人的心如清澈的湖水一般荡漾起来。谁不向往一段浪漫的邂逅，不想拥有一段独一无二的爱情呢？在没有拥有爱情的时候，总觉得生活唯独缺少爱情是不完美的。可是，当拥有爱情之后，却发现生活依旧不那么完美。少了些什么呢？没错，是友情。女人的情感天地，是由许多种感情构成的，不单单是爱情，只有爱情而没有友情的生活，是不完美的。

原来爱情也是有闺蜜的

有那么一些人，她们整天骂你没有出息，却在你被人伤害的时候及时出现，恨不得把伤害你的人千刀万剐；有那么一些人，她们了解你的全部，总是嘻嘻哈哈笑话你曾经的糗事，却在有可能发展为你男朋友的那个人面前，恨不得把你夸成一朵完美无缺的花；有那么一些人，你谈恋爱冷落了她们，当你受伤的时候，她们又会一边骂你重色轻友，一边安慰你替你出头；有那么一些人，哪怕许久都没有联系，只要一个短信或是一个电话，那头就会传来熟悉的声音：“嘿，妞，过得怎么样？”

对于女人来说，她们有一个共同的名字，叫作闺蜜。

如果一个女人的生活里永远都只有爱情，那么，在爱情的世界里，她就会慢慢地变得卑微，变得孤独，变得迷茫。所以，一个优雅的女人，绝对不能缺少闺蜜。

很多女人都觉得爱情是生活的全部，女人的爱是可敬的，也是可怕的，当女人爱一个人爱到了极致，其余所有的东西在她眼里也就变成了沙子，一文不值。

落落就是这样一个女孩子，她向往一段美丽的爱情，在十八岁的成人礼上她就幻想一段完美的恋情。她认为生活就是两个人的生活，掺杂不了其他，否则只会给生活带来负担。

落落也是一个可爱的女孩子，她不是没有朋友，她的朋友很多，能够说知心话、谈小秘密的闺蜜也有那么两三个，她们总是在一起畅谈心事，诉说梦想中的另一半是什么样子的，说到重点的时候，她们总是一边脸红一边打闹。日子过得很快，也很快活。爱情，有时候来得实在是太快了。落落坠入爱河，无法自拔。或许因为是第一次恋爱，她几乎把所有的时间都花费在了那个男人身上，而与自己的闺蜜慢慢疏远，起初闺蜜们还会打探她的恋情进展。可是，落落实在是太忙了，忙着恋爱，简短的短信让闺蜜们也失去了兴趣，久而久之，也就不再打扰恋爱中的她了。

落落在恋爱半年之后，步入了婚姻的殿堂，婚礼上，她也邀请了自己的闺蜜，收到邀请的闺蜜十分惊讶，落落竟然结婚了！闺蜜们没有八卦，没有嫉妒，有的只是祝福。婚后的落落更加爱自己的丈夫，她丈夫有一家自己的小公司，所以，她不需要工作，吃喝不愁。她把全部身心都放在了家庭和丈夫身上，她的眼中只有自己的丈夫，甚至都没有自己。

一年之后，落落在街上偶遇曾经的闺蜜，闺蜜很惊讶，曾经活泼可爱的落落才一年不见，竟然苍老了许多，全然没有一个二十几岁的女人应有的青春和靓丽。落落说自己半年前就离婚了。两个人相处原本就需要磨合，他们的进展速度太快了，婚后有太多的问题，而落落总是全身心去爱对方，很少关注自己，她对他越好，他就越是想要逃离，他很多时候都在劝她，去找自己的朋友逛逛街吧，可她总也不听。婚后的落落很孤单，丈夫出去工作，她只有一个人，拿起电话都不知道要打给谁。他们争吵不断，后来就离婚了。

落落掩面而泣，依偎在了闺蜜的怀里，那个怀抱既熟悉又陌生，可依旧如此温暖。落落突然醒悟：原来生活中只有爱情是不完美的，爱情也是有闺蜜的，它的闺蜜叫友情。当你拥有了爱情，千万不要丢弃闺蜜，更不要让爱情也丢弃了它的闺蜜。

一个像夏天一个像秋天

两个闺密，就像是范玮琪的歌里唱的那样："一个像夏天，一个像秋天，总能把冬天变成了春天。"这就是闺蜜的魅力。

说起闺蜜，该如何形容呢？像是一盆冷水，在你得意忘形的时候，泼到你身上，时刻谨记自己要做的事情；像是一个树洞，保存着你所有的秘密，坚决替你保密；像是一个吐槽容器，哪怕你有再多的苦水，都可以容纳；像是一个拐杖，在你失意的时候，支撑你；像是一个打气筒，在你没信心的时候，给你加油打气……

女人该如何对待最亲爱的闺蜜，才能保持友情永不褪色？这里有一些建议要送给你。

1. 刚刚好的距离

和闺蜜在一起，保持一个恰当的距离是最重要的。走得太远，便会有生疏感，走得太近，又容易出现摩擦。如果你有了另一半，不要让彼此离得太远，不要让她觉得她不再是你最重要的人；如果对方有了另一半，不要常常打扰她，因为她也需要二人世界。所以，一个刚刚好的距离才是闺蜜应该有的距离。

2. 倾听和汇报

闺蜜的确是最好的吐槽容器，也是最佳的倾听对象，但是这并不代表她永远都只能听你说，你也要学会倾听。至于恋爱之后的情况嘛，偶尔让闺蜜八卦一下，偶尔自己主动交代，这样才能加强彼此的亲密感。

3. 爱情和友情也是闺蜜

把闺蜜介绍给自己的爱人，你会发现闺蜜会成为你们两个人的和事佬，从中调解你们的矛盾，帮你们制造浪漫这种事，闺蜜全权搞定了。当你把爱情和友情协调好的时候，你会发现，这样的生活是最完美的。

两杯咖啡，一段美丽的时光

时光，就像是一只顽皮的小猫，偶尔会跳出来蹭蹭你的脚，更多的时候，却是在不知不觉中悄悄溜走。你总想抓住时光的尾巴，却总是被它的影子远远地甩在了后面。我们常说要珍惜时间，珍惜每一寸光阴，可是如何才叫珍惜呢？将每一秒都填满工作，忙忙碌碌才是珍惜时间吗？其实不然，时光是用来享受的。当你静下心来，旁边坐着你的闺蜜，两个人谈谈心事，聊聊愿望，发发牢骚，美丽的时光，就应该这样悠然度过。

你需要一台时光机

童年时期喜欢的哆啦A梦，有许多稀奇古怪的宝贝，当问及年少无知的孩子最喜欢哆啦A梦的哪个宝贝时，有人说喜欢竹蜻蜓，有人说喜欢记忆面包，还有人说喜欢任意门。而长大之后，当再次被问及这个问题的时候，许多人都会羞涩地笑笑："我最喜欢时光机。"

是啊，时光如流水般匆匆离去，我们留不住时光，只能看着它无情地流走。成年之后，面对重重的压力，面对生活的纷纷扰扰，恐怕我们最需要的就是一台时光机。有了时光机，可以回到无忧无虑的童年；有了时光机，可以回到懵懂的少年；有了时光机，可以回到青涩的初恋时光。时光里，总是有那么些人，那么些事，让我们怀念，让我们久久不能忘怀。

可是，时光并不会倒流，时光机也只属于哆啦A梦。而我们唯一可以做的便是珍惜时光。你是不是在静下心来的时候，总是感叹过去的一些事和一些

人呢？如果是，那么，就带着自己的闺蜜，找一个安静的角落，摆上两杯咖啡，聊聊过往，静静地享受回到过去的感觉吧。

她们是多年的朋友，生活在不同的城市，有着各自的生活。她们每半年只相聚一天，但是那一天，没有人知道她们去了哪里，更没有人知道她们见了谁。每当有人问起，她们便笑笑说珍惜时光去了。

那一年冬天，生活在A城市的她，在一场车祸中丧生了，一个年轻的生命就这样戛然而止，让人感到惋惜。很多人都来参加她的丧礼，她的确是一个难得的好姑娘，虽说没有美丽的容貌，没有过人的能力，可她热情阳光、热爱生活、心地善良、乐于助人。生活在B城市的她也赶来参加她的丧礼，在丧礼上，她泣不成声，没有人知道她为什么哭得这样伤心，她们在外人看来，实在是交情很一般的朋友啊。

丧礼过后，B城市的她在平静心绪之后，向大家说起了二人的故事。每半年，她们见一次面，一次是A城市的她来到B城市，下一次便是B城市的她来到A城市。她们会在一家咖啡馆里，坐在靠窗的位子上，看着窗外的人来人往，点两杯咖啡，悠然度过浪漫的午后。在几个小时里，她们回顾这半年来发生的事情，感叹一些人一些事，诉说心事，憧憬未来。这是一次心灵的碰撞，让她们掏空自己内心的浮躁，又在心里装满期待和憧憬。

B城市的她说："她就是我的时光机，是她让我留住了时光，回忆了时光，也充实了时光。"

在这之后的许多年，生活在B城市的她，还是习惯于每隔半年便去往A城市一次，只不过地点不再是咖啡馆，而是她的墓地。她会带着两杯咖啡，一杯给她，另一杯给自己，然后向她诉说着心事，讲述着过去半年里发生的事情。这个习惯一直延续到她老去再也没办法来到她的城市。

谁说世界上没有时光机呢，故事中的两位主人公不就是彼此的时光机吗？她们伴随着咖啡的香气，悠然度过了那么多美丽的时光，在这些时光里，她们还回忆了许多难忘的旧时光。这就足够了，朋友，就是如此，闺蜜，就是这样，说不出哪里好，可就是谁也替代不了。

是闲暇，而不是浪费

很多人总说这样是不是太浪费时间了？生活中有那么多的压力，那么多的事情要做，一个下午的时间只用来聊天，未免太浪费了。不，这并不是浪费时间，这只是在享受闲暇时光。

生活的压力，永远不会消失的，即便是你成为了世界上第一富有的人，你也会有诸多的烦恼，以及生活所赐予的重重压力。如果只是工作，只是忙碌，人生又有什么意义呢?

时光，是用来享受的。偶尔，当你感觉自己的心疲惫了，当你对于人生，对于生活有诸多感慨和感悟的时候，就拉上自己的闺蜜，去享受两杯咖啡的美丽时光吧。在充满咖啡香气的浪漫氛围里，和闺蜜在一起诉说心事，回顾过去，憧憬未来，时光匆匆流逝，你不会感叹时间流失太快，只会觉得自己享受了这段时光，真好。

在你想要享受这样一段时光的同时，还需要提醒你注意以下几点。

1. 一两个闺蜜就好

这样悠闲安静的时光，人太多就变成了Party，太过于吵闹，就失去了它原本的韵味。邀请一两个闺蜜就好，悠然度过这段时光吧，参加Party随时都可以，而这样的时光却是不可多得的。

2. 最亲密的那个她

和自己享受这样时光的人，必定是自己最亲密的那个她。你们懂彼此的心思，知晓彼此的烦恼，甘心成为彼此的倾听者，这样的一个人才可以和你享受这样美丽的时光。

3. 不贪恋时光

这样的时光自然是美得令人沉醉，可是，也千万不要忘记了时间，一个下午就足够了，不要说“不，我还没有享受够呢，晚上继续”。这样是万万不可

以的，就好像一个再美味的点心，吃得太多也就没了味道一样。这样的时光，时间太久，也会失去它的味道的。如果觉得还有话要说，那就下次吧。

点两杯咖啡，便可以消磨一段美丽的时光，这是多么美妙的一件事情啊！相信优雅的你，一定不会错过这样一个美妙的机会的，带上闺蜜，去享受吧。

诉说心事，减轻心头的负重

心事，心中的故事，或快乐，或悲伤，或忧愁，或喜悦。哪个女人没有自己的心事呢？年轻的时候，情窦初开，少女的心事，伴随着成长的烦恼和感情的波折；成熟以后，女人的心事，伴随着油盐酱醋茶的烦琐，伴随着家庭的纷纷扰扰。女人的一生都伴随着心事，关于爱情，关于家庭，关于孩子，关于老人，关于工作，这么多的心事堆积在心里，都是心头的负重，时间久了，精神世界就崩塌了。那么，这么多的心事要向谁倾诉呢？答案当然是闺蜜。

清扫心头的负重

年轻的时候，女人就像是一只惊慌失措的小兔子，心里或多或少都有着烦恼。“这份工作适合我吗？”“为什么我怎么努力，老板也不看好我？”“同事之间相处怎么那么麻烦呢？”“都二十几岁了，怎么就没有人喜欢我呢？”“那个他到底喜不喜欢我？我和他到底能不能结婚呢？”所有的问题总是堆积在一起，一个还没有想清楚，又出现了另一个。

成熟之后，女人更像是一只鹿，看似平静，看似波澜不惊，心里的烦恼却如青丝一般数不胜数。这个月的房贷还没还，该怎么办呢？下个月单位安排出差，家里可怎么办？孩子三岁了，是叫爷爷奶奶来带，还是请个保姆呢？他已经一个多星期晚上有应酬了，是不是外面有人了？公司里又来了新人，怎么又是我手把手教？这个月的生活开支明显比上个月多出一大截，钱都花哪儿去了？新的问题一个接一个，老的问题也还没有答案。成熟之后的女人，烦恼更

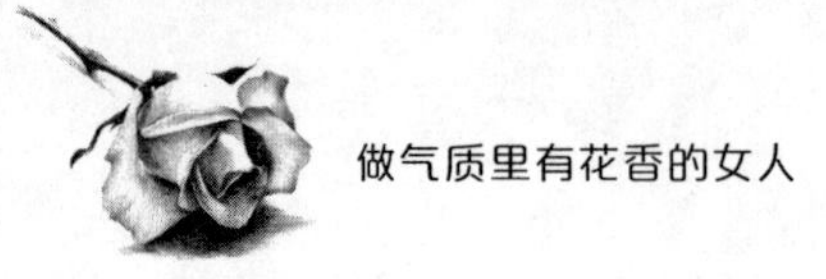

多。

这么多的心事，积压在心头，该有多累呀！还是及时清扫一下吧。

Sunny是个内敛的女人，为了自己的男人，她放弃在另外一座城市的生活，只身来到这里，和他结婚，在这座城市安了家。Sunny并不像她的名字那样，她并不是一个活泼开朗的女人，她很内向，不爱说话，做人老实本分，在别人眼中，她似乎只活在自己的世界里，总是一副心事重重的样子。

没错，Sunny的确有许多心事，婆婆不喜欢她，对她要求严格，甚至苛刻，男人很疼她，可毕竟对方是男人的母亲，她也不好意思开口表达不满。工作总是不顺心，她是个外地人，处处受排挤，每次拿到的奖金总是最低的，被安排的工作却是最重的。每天工作又累又烦琐，还要早早回家伺候婆婆，给一家人做饭。Sunny觉得自己很累，在这座城市里，她不是没有朋友，有几个要好的同学在这边，只不过她几乎不怎么与人家联系，她总说自己忙没时间。

终于有一天，Sunny受不了了，她觉得自己正处于崩溃的边缘，心理压力实在是太大了，她觉得再这样下去，她就要得心理疾病了。于是，她去咨询心理医生，把自己的烦恼一股脑地和心理医生讲了一遍，讲完之后她觉得舒服多了，付钱走人。之后，她习惯每次十分压抑的时候便来找心理医生，心理医生什么都不用做，只需要给她倒一杯水，听她讲心事。有一次，Sunny讲完，正准备走的时候，心理医生喊住了她："你是不是外地人？"

Sunny停下脚步："您怎么知道的？"

"因为你没有朋友，你若是有朋友，就不会隔三差五来找我倾诉。你应该有一个闺蜜，这样你就不用花钱来找心理医生说心事了。"

Sunny恍然间顿悟，是啊，自己每次来说的还不是那些家长里短，那些乱七八糟的事情，这些事完全可以找一个闺蜜倾诉啊，何必来这里花钱找心理医生听自己说呢。

生活在都市里的女人，总是有这样那样的心事，这样那样的烦恼，自己本以为没什么，可时间久了，精神萎靡不振，身体也垮了下来，总怀疑自己身体出了问题，或者是有了心理疾病。实际上，只不过是因为心头的负重太多，压垮了自己而已，把满腹的心事讲出来，也就没事了。女人，有的时候真的需要闺蜜，聊聊心事，聊聊近况，可能得不到解决，可终归是可以让自己轻松一下的。

偶尔，和闺蜜聊聊天

倘若心头堆积了太多的心事，就好像机器上蒙上了太多的灰尘，是无法良好运转的。

想要让自己的身心都能处于良好的状态，别忘了及时清扫心头的负重，清理心头的垃圾。这个时候，闺蜜所扮演的角色就是一个吸尘器，能够把你心头所有的灰尘都吸走，让你卸下重负，一身轻松。

或许，闺蜜并不能成为你的军师，为你所遇到的事情出谋划策；或许，闺蜜并不能给你找到良好的解决方法，让你解开心里的疙瘩。可是，她单单是倾听就已经足够了，当你把心事说出来的时候，它便不再困扰你，也许闺蜜的一个微笑，抑或是一句不痛不痒的话，你便能从中找到事情的答案，知道自己该怎么办。

但是，在倾诉的过程中，也要注意一些小的细节。

1. 别只顾着自己说

没错，你的确积攒了好多的心事，想要畅快地讲出来，想要一股脑地倒给自己的闺蜜。可是，别忘了，如果你也是一个倾听者，一味地听别人说，也是会烦的。恰当地停顿一下，也要听听闺蜜怎么说，闺蜜或许也有心事要告诉你呢。

2. 注意自己的情绪

闺蜜，是你倾诉的对象，不是你发泄的对象，她之所以坐在你对面，听你诉说自己的心事，是因为她是你的闺蜜，愿意分担你的痛苦和哀愁。可是，这

并不代表你可以将自己满腔的愤怒抑或是怨恨发泄到她的身上。所以，在和闺蜜倾诉的时候，还是注意一下自己的情绪吧。

3. 倾诉不局限于方式

和闺蜜倾诉不必局限于某种特定的方式，你可以打电话，可以发微信，可以聊QQ，当然最直接的便是面对面交谈。有可能一些心事是你的难言之隐，在面对面的时候，有些说不出口，这个时候，还是采取别的方式吧，或许可以达到更好的效果。

亲爱的，如果你累了，如果你走不动了，如果你有太多的心事要诉说，别忘了，你还有你的闺蜜，她们随时等你开口，等待你的心事，她们是你的港湾，去吧，不要有任何的顾忌。

有些秘密，只有闺蜜才能懂

生活从来都不缺少秘密。从小到大，哪个女人没有自己的小秘密呢？高中偷偷给喜欢的男生写过情书，大学曾经暗恋过自己的老师，工作之后发展了一段地下的办公室恋情，结婚之后偶遇前男友怦然心动了好几天……人的心就只有这么大，装了太多的秘密是会累的，那么，这么多的秘密要与谁人说呢？答案自然是闺蜜，因为，有些秘密，只有闺蜜才能懂。

闺蜜，也是闺密

说到秘密，总会让人想起那个皇帝的理发师，当他知道皇帝是个秃顶的时候，他知道自己知道了一个不该知道的秘密，他很惶恐，也很兴奋，可是皇帝告诉他，不允许把这个秘密告诉任何人。于是，怀抱着这个秘密，他闷闷不乐，郁郁寡欢，终于，他把这个秘密告诉了一个树洞，这才了却了自己的心事，重新让生活步入了正轨。秘密，有时让人欣喜羞涩，有时让人惶恐不安，可所有有秘密的人都有个共同点，就是害怕秘密被人发现，更害怕被人发现之后的一系列后果。秘密是一个可怕的东西，它就像是一个心魔，让人无时无刻不想到它，生怕不小心泄露出去，自己藏在心里又憋得难受。为了让人远离秘密的困扰，甚至已经出现了分享秘密的网站，供网友吐槽，缓解秘密所带来的压力和困扰。

一个优雅的女人，也必定会有这样或者那样的秘密，只不过她们绝不会将秘密闷在自己的心里，她们有自己最亲爱的树洞——闺蜜。

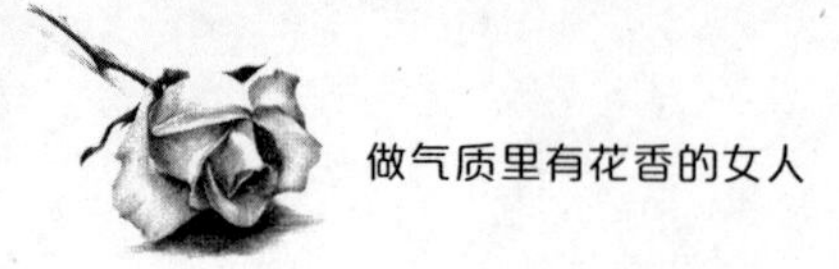

悠悠是一个年轻貌美的女人，优雅得如一只雪白的鸽子，这是她给许多人留下的印象。年轻时，悠悠被许多人爱慕，被许多人追求，可她最后还是选择了最不帅气、最不多金、最不浪漫的男人结婚。结婚后的悠悠依然是一个优雅的女子，依然如一只温顺的白鸽。可是，就是那么突然的一天，一条短信闯进了她的生活，一下子扰乱了她的心扉。

这条短信是她的前男友发来的，前男友太花心了，悠悠曾经不顾一切地爱着他，可他却有了别的女人，所以悠悠才会选择一个最老实的男人嫁了。然而他又出现了，他说自己经历了这么多年这么多事，发现自己最爱的还是她。悠悠承认当年自己疯狂地挚爱着他，如今他的出现仍旧让她心动。

自从这条短信闯进了她的生活，她总像是怀揣着巨款，怕被别人发现了会抢走似的。老实的男人最不擅长洞察女人的心思，他并没有发现妻子有什么异样。悠悠开始和前男友发短信，回忆以前的日子，终于有一天，那个男人提出见面了。悠悠没有立即答应，她变得更加惶恐不安。她知道这个秘密是时候该说出去了，悠悠约了自己最好的朋友见面，朋友见了悠悠吓了一跳，昔日里优雅如白鸽的她，如今却颓废得不像样子，面容憔悴，还长了好几颗痘痘。当她讲述完自己的小秘密，朋友也了解了大概，没有多说什么，只是让她想一想，自己最爱的是谁，谁又是最爱自己的。

悠悠回到家里，想了整整一夜，虽然现在的丈夫不帅气也没有多少钱，但是他却把自己捧在手心里，自己依然可以做一个优雅自如的女人。而之前那个男人呢？他如果真的爱自己，就不会来打扰自己的幸福。最终她回绝了那个男人：还是不要见面了，我爱我的先生，我不想破坏我的家庭，祝你幸福。

然后，生活一切照旧。

有人会说，夫妻间要彼此坦诚相见，不能有任何隐瞒，更不能有秘密。其实真正的过来人听到这句话往往会笑而不语，因为这句话实在太过于天真了。在婚姻生活中，一些说给彼此的秘密就好像是不定时炸弹，说不定什么时候就会爆炸，让双方遍体鳞伤。两个人相处，要给彼此相对自由的空间，这样才能呼吸舒畅，不至于让人窒息，想要逃离。

所以说，“闺蜜”才是最适合分享“闺密”的人。

那些不能说的秘密

秘密也是生活的调味剂，一点秘密的存在会增加双方的神秘感，可太多的秘密又会让人心烦意乱，不妨把这些不能说给男人的秘密，讲述给自己的闺蜜。

但是，秘密或多或少，总是一种利器，掌握不好分寸，也是会伤人的。所以，那些不能说的秘密，也需要注意分寸。

1. 是秘密，而不是甜蜜

女人，总习惯于炫耀自己的甜蜜，也就是通常所说的秀恩爱。据网络调查，这种秀恩爱让大多数的人都十分反感。你可以和自己的闺蜜分享自己的幸福和甜蜜，但不要过分地去炫耀，尤其是在一些单身的闺蜜面前，这样会让闺蜜十分难堪的，不要为了一己之私，就伤害到你们之间的友谊。

2. 是秘密，而不是隐私

女人和男人之间的小秘密，多多少少是闺中情趣，如果把床笫之间的小情调、小困扰都统统告诉闺蜜又有什么好处呢？还不如直接请教医生。这种事情，说多了对自己不好，别人也不一定愿意涉及你们的隐私。

3. 是秘密，就需要保守秘密

当你确定要把自己的小秘密告诉自己的闺中密友时，一定要确定她是一个信守承诺、不会把秘密告诉别人的人。否则，这些秘密的流传只能为你增添更多的烦恼。而同样的，当闺蜜向你诉说秘密的时候，你也要同样保守秘密，如果觉得自己是一个不能保守秘密的人，在闺蜜说之前，一定要学会拒绝。

人生几何，秘密何其多？作为一个优雅的女人，一定要学会诉说秘密、保守秘密，这样才能让优雅永不掉色。

逛街吧，给心灵减减压

逛街，这可是女人最喜欢的事情。悠闲地迈着步子，逛逛这里，看看那里，试穿一下这件衣服，又被那个包包吸引，虽然逛了一整天，可是却依旧两手空空，不过，没关系，女人就喜欢这个“逛”的过程。逛街的时候，可以抛开工作，抛开家庭，抛开所有，开心地逛，大胆地逛，遇到喜欢的就买，遇不到喜欢的也没关系。逛街，是女人缓解压力最便捷有效的方式。要恋人陪伴自己吗？绝不！当心灵被压力压得难以呼吸时，拉上闺蜜去逛街吧，她们才是陪你逛街的最佳人选。

“逛”是一种状态

爱逛街是女人的天性，就像是男人爱喝啤酒看足球一样，天性使然，改是改不掉的。或许很多男人都不明白，为什么女人逛街那么累，还是要逛呢？为什么明知道逛街要走好久的路，还是要穿高跟鞋？为什么明知道要试穿衣服或是试用化妆品，还是在出门前把自己打扮得那么靓丽呢？为什么逛街累得半死，女人还说这是一种休闲呢？

什么是逛？单看这个“逛”字便可以看出，狂走，疯狂地走在街上，不用理会其他，这是一种状态。这种状态只有女人可以享受，男人是不会懂的。女人逛街，其目的并不是单纯的购物，而是把它当作一种休闲、放松心情、享受生活的方式。她们会把自己打扮得漂漂亮亮的，穿上最爱的高跟鞋，挽着闺蜜的胳膊，一起步入商场中，一边谈笑风生，一边左挑右选。在这个过程中，她们可以忘记一切，充分享受这个过程，释放压力的同时，也寻觅一下当季时尚的“装备”。

女人的美，不仅属于家庭，属于男人，还属于这个世界。她们会在逛街的时候，把自己打扮得时尚靓丽，在经过橱窗的时候，不要以为她们的目光只盯在橱窗里的模特身上，她们更多的还是会看向玻璃映出的自己，是不是够美，是不是够优雅，是不是够迷人。只闷在办公室和家里的女人，是无法体会到自己的美的。女人需要通过逛街，来提升自己的自信，来向世界展示自己独特的美。

在逛街的过程中，偶尔忍不住停下来，欣赏一下喜欢的衣服。还在等什么？试穿一下呗，反正试穿又不花钱。在试穿各种风格的衣服的过程中，体会百变的自己，然后等闺蜜点评参考。如果真的喜欢，不要心疼价钱，那就买下来吧，女人的衣橱怎么能没有两件HOLD住场面的衣服。

逛街的过程也是搜罗时尚讯息的过程。女人最害怕听到的话就是：“你也太跟不上时尚了吧。”所以，她们真的需要偶尔逛街，来了解当季的流行趋势，哪怕真的跟不上时尚，就算是跟其他女人聊一聊时尚，也不会落伍噢。

逛街的时候，也是女人八卦的时候。聊聊刚在网上看到的趣闻，聊聊身边人的故事，更是可以聊聊这次逛街的所见所闻。“那个女人的衣服好漂亮”“这个大叔看上去好有魅力”“这一男一女你猜猜是什么关系”……在畅聊的过程中，无须当真，和闺蜜会心一笑，目的就达到了。

或许你已经很久没有逛街了，把自己埋没在家庭和工作的两点一线中拔不出来，你疲惫了，你厌倦了，那就带上自己的钱包和闺蜜一起逛街吧！别忘了自己的高跟鞋和化妆品，以及最漂亮的衣服，它们早已经在召唤你了！疯狂地走在街上，用心灵和双脚去尽情地感受生活的美吧！

逛的就是心情

女人要逛街，要逛就逛得舒畅，逛得舒心，逛得酣畅淋漓，不用理会家里的男人是不是有饭吃，不用理会办公桌上的文件堆得到底有多高，更不用理会

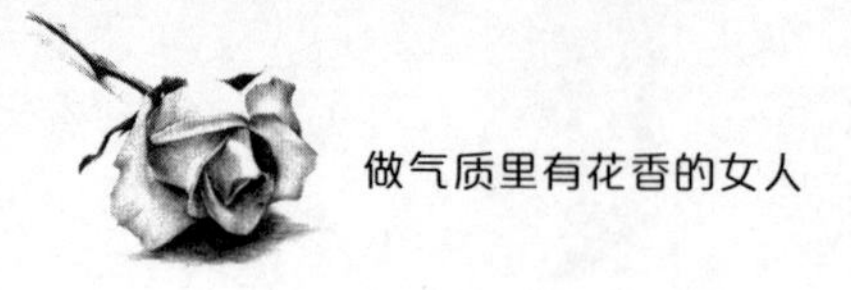

时间和自己的钱包，逛的就是这种心情，享受的就是这种感觉。是女人，那就一定得学会享受逛街。

逛街嘛，心情愉悦最重要，其他的都是浮云。不过，逛街也还是有小贴士的。

1. 那个人一定是闺蜜

相信很多女人都觉得和自己心爱的男人手牵手逛逛街是一件很浪漫的事情，可是和男人逛街的结果总是令人大失所望。男人逛不了多久就会喊累，更不愿意陪你走进内衣店，遇到大牌货，男人还会露出一副令人讨厌的小气表情。男人是永远不会理解女人爱逛街的天性的。所以，只有和闺蜜逛街才真的可以体会到逛街的愉悦。

2. 注意高跟鞋的高度

很多女人喜欢在逛街的时候穿上自己最爱的高跟鞋，听着高跟鞋和商场地板接触发出的声音，也是一种享受。可是，逛街是很累的，不要因为爱美，就穿上过高的高跟鞋，这样逛街，不一会儿脚就会疼了。何不折中一下，选择穿起来最舒适的高跟鞋去逛街，既不会太累，也可以保持自己的美。

3. 别总是心疼钱包

遇到真心喜欢的东西，那就别再迟疑了，赶快买下来吧，虽然它可能花掉你两个月的工资，可是，它可以让你开心很久，难道不是吗？也许你会说，等我攒够了钱再来买，可那个时候，东西已经不在了，你不仅会不开心，还会十分遗憾。何必呢？逛街，不就是要逛得开心吗？如果真心喜欢，那就买下来吧。

4. 逛街，不是挥霍

有些女人逛街真的如同洪水猛兽一般，看到什么买什么，不管适不适合自己，不管自己喜欢不喜欢，统统拿下，结果回了家，钱包瘪了，也买了一大堆的废物，堆在家里，浪费空间。这又何必呢？你是去逛街的，不是去挥霍的，如果真心喜欢一件东西，那就毫不犹豫地买下来，可如果不喜欢，就算是跳楼大甩卖，也千万碰不得。如果你控制不住自己，不妨叫同去的闺蜜约束一下自己。

女人啊，你需要偶尔去逛街，它能帮你恢复到好的状态，让你的心情一扫阴霾。当你厌倦了生活的枯燥，当你被工作压得呼吸困难，那就约上闺蜜去逛街吧。好好地逛，慢慢地逛，逛出一个好心情再回家吧。

做一对优雅的闺蜜

你想成为优雅的女人吗？如果答案是肯定的，那你可千万要带上自己的闺蜜。优雅，是一种修炼，一个人的修炼太过于枯燥和孤独，如果是两个人一起，则多了一些乐趣，也多了一些坚持下去的信念。如果你正走在优雅的路上，何不带上自己的闺蜜，做一对优雅的闺蜜呢？

孤独一个，优雅一双

有些女人的气质是与生俱来的，可能与遗传因素有关，可能与家庭环境有关，总之，这样的女人令人羡慕。不过大多数女人的气质，都是后天慢慢培养出来的，可是，这并不是一朝一夕便可以成就的事情。很多人都说跳芭蕾舞的女人，气质优雅，像一只优雅的白天鹅。可是，跳芭蕾舞的女人，要经过好几年的学习，才能让人一眼瞧出："噢，你是跳芭蕾舞的吧，难怪你气质这么优雅。"

气质的培养，就像是一种修炼，内外兼修，再加上时间的磨炼，才可以成就一个优雅的女人。一个人未免太孤独了一些，如果你真的觉得孤独，那么，不妨和自己的闺蜜一起修炼。

她叫清心，她叫思蕊，她们就是一对优雅的闺蜜。从少不更事开始，她们便是无话不谈的好友，她们有一个共同的偶像刘若英。刘若英如同一杯淡淡的奶茶，没有红酒的典雅，没有啤酒的畅快，没有饮料的冰爽。但是，奶茶有奶茶的优雅，她为人低调，不争不抢，只是淡淡地享受生活，享受时光。在这对闺蜜眼中，刘若英这样的女人，就是她们追逐的偶像，她们也要像刘若英那样，做一个优雅的女人，一个淡淡的女人，一个不谙世事、享受生活的女人。

她们开始了她们的修行，一起听音乐，一起学画画，一起研究烹饪，一起做瑜伽……她们偶尔闲下来，会彼此倾诉心事，作为倾听者的那个人会及时制止对方的冲动，告诫对方要保持一颗平常心。偶尔，她们也会去逛街，缓解内心的压力，偶尔，她们也会探讨人生的真谛。

时间是一个魔法师，当你坚持做一件事情的时候，时间就会赋予你魔法。两个人都悄然发生了改变：她们不再是莽莽撞撞的女人，遇到事情，总是先坦然一笑，然后再寻求解决的办法；她们不再是急躁的女人，有心事的时候，知道如何劝解自己，如何排解忧愁；她们谈吐自然，举止优雅，真的成为了一对优雅的姐妹花。对待这个世界，她们有了新的看法，人生短暂，烦恼无限，带着微笑也是过，泡着泪水也是过，何不让自己快乐一点儿呢？

很多人向她们投来了羡慕的目光，对于这些目光，她们坦然接受，但内心并没有骄傲，并没有看低任何一个人。有人向她们探讨秘诀，她们只是微笑着回答："一个人爬山可能太枯燥了，两个人说说笑笑，很快就能爬到山顶。"

和闺蜜一起修身养性，像她们一样，做一对优雅的姐妹花吧。

让优雅互相感染

人的气质是可以相互感染的。或许你并没有察觉到，不知不觉你和闺蜜的某些神态越来越相似，不知不觉你们讲话的语气会越来越相似，不知不觉你们经常会异口同声地说出一句话。或许，你和她都没有意识到，但是，你们身边的人肯定早就发现了你们之间的默契。

一个人的气质，真的可以传染给另外一个人。比如说你喝过的矿泉水瓶，

你用过的纸巾，你总是习惯随手扔掉，而你的闺蜜则是耐心地拾起来放到垃圾桶里，可能会因为一时找不到垃圾桶，拿着垃圾走很久。时间久了，你会不会觉得惭愧呢，于是，你也就开始保持了和闺蜜一样的好习惯。气质，也是如此，当你觉得闺蜜的言谈举止间总是透着一种优雅，而别人总是向她投来赞赏的目光，你或许也会被她感染，学着轻声细语有条理地说话，学着举手投足都带着女人的温柔，久而久之，你的气质也会慢慢提升。

1. 互相感染，而并非传染

好的品质互相学习是感染，坏的品质互相学习则是传染。两个人应该互相督促，每一天都积极向上，而不是互相学着堕落。两个人互相学习优点，互相批评缺点，这样才能让彼此都越来越美丽优雅。

2. 各有各的特质

和闺蜜一起培养气质，一起进步，这并不代表，两个人要学习、要培养一模一样的东西。因为每个人的爱好、性格、气质都是不一样的。比如说你练瑜伽的时候，她可以选择去跳肚皮舞。每个人喜欢的东西不一样，不能因为要一起修炼，就忘记了顾及对方的喜好。

都说三个女人一台戏，两个亲密无间的闺蜜就可以组成一台好戏，两个人在修炼优雅的道路上，相互扶持，相互督促，终究会在这条路上找到属于自己的人生。

还在等什么呢？如果你也想成为一个优雅的女人，也想好好地享受生活，发现大千世界的美，那就带上亲爱的她，做一对优雅的闺蜜吧。